中国地质调查成果 CGS 2023-002
"0001212012AC50021" 项目资助

常见地质灾害防治 应知应会 一本通

霍志涛　张业明　付小林　著

U0209938

科学出版社

北　京

内 容 简 介

　　本书以图文并茂的方式生动形象地介绍地质灾害及防治的相关知识。全书共5篇，系统介绍崩塌、滑坡和泥石流三种常见地质灾害基本知识、专业监测技术、群测群防体系、临灾处置方式及科学防范方法，以期普及地质灾害应急避险知识，提升安全防范意识。

　　本书适合地质灾害频发地区人民群众、群测群防监测人员阅读。

图书在版编目（CIP）数据

常见地质灾害防治应知应会一本通/霍志涛, 张业明, 付小林著. —北京：科学出版社，2023.11

　ISBN 978-7-03-076786-8

　Ⅰ.①常… Ⅱ.①霍… ②张… ③付… Ⅲ.①地质灾害–灾害防治–基本知识 Ⅳ.①P694

中国国家版本馆CIP数据核字（2023）第203289号

责任编辑：孙寓明/责任校对：高 嵘

责任印制：彭 超/封面设计：张立杰

科 学 出 版 社 出版

北京东黄城根北街16号
邮政编码：100717
http://www.sciencep.com

武汉精一佳印刷有限公司印刷
科学出版社发行　各地新华书店经销

*

开本：787×1092 1/16
2023年11月第 一 版　　印张：10 3/4
2023年11月第一次印刷　　字数：223 000

定价：78.00元

《常见地质灾害防治应知应会一本通》
编著委员会

主　编：霍志涛　张业明　付小林

编　委：王世梅　金　倩　江　渝　王　力　郭　飞　叶润青　田　盼　王　鑫　吴润泽　朱敏毅

策　划：张业明　金　倩

设　计：金　倩　张立杰　王越飞

地质灾害是在自然或人为因素作用下形成的，对人类生命财产、环境造成破坏和损失的地质作用。在地球上，由地质灾害引发的灾难几乎每时每刻都在发生。我国是世界上地质灾害最为严重的国家之一，滑坡、崩塌和泥石流是最为常见的三种地质灾害类型。科学普及地质灾害知识，提高人们对地质灾害的科学认知水平，增强人们对地质灾害的防范意识，减少地质灾害造成的损失，是我国地质灾害科普工作的一项重要任务，这也是本书出版的出发点所在。

　　本书是在作者长期从事三峡库区地质灾害调查研究和科普培训的基础上编写而成，共5篇。第1篇：地灾知识，介绍什么是地质灾害，常见地质灾害类型有哪些，滑坡、崩塌和泥石流等地质灾害是怎么形成的，会造成什么危害，有哪些发生前兆。第2篇：专业体检，介绍常用地质灾害的专业监测技术、监测内容及怎样监测。第3篇：群测群防，介绍群测群防的要点是什么，如何开展地质灾害演练，地质灾害监测员应知应会有哪些。第4篇：临灾处置，介绍如何做好救护方案，如何组织人员撤离，常见的临灾处置措施有哪些，如何组织灾后自救。第5篇：科学防范，介绍如何开展地质灾害风险评估，怎样安全选址，如何规避危险施工。

　　为了达到科普教育的效果，本书通过形象生动的语言和内容丰富的图片，更加直观地向大众展现地质灾害形成和防范的专业知识。希望本书的出版，能够为大量坚守在一线的乡村地质灾害监测员提供有益指导，为更多的人群特别是中小学生系统了解地质灾害科普知识提供有益读物。

前言

　　在本书编写过程中，得到了中国地质调查局长沙自然资源综合调查中心和三峡大学的大力支持和帮助，得到了中国地质调查局"三峡库区地质灾害专业监测建设和预警分析指导"项目的资助，本书插图由三峡大学艺术学院数字媒体实验室、三峡大学科技信息设计与传达研究所绘制，在此一并致谢！

　　由于本书涉及地质灾害方方面面的知识，受作者知识水平所限，难免有所疏漏，敬请读者批评指正。

目录

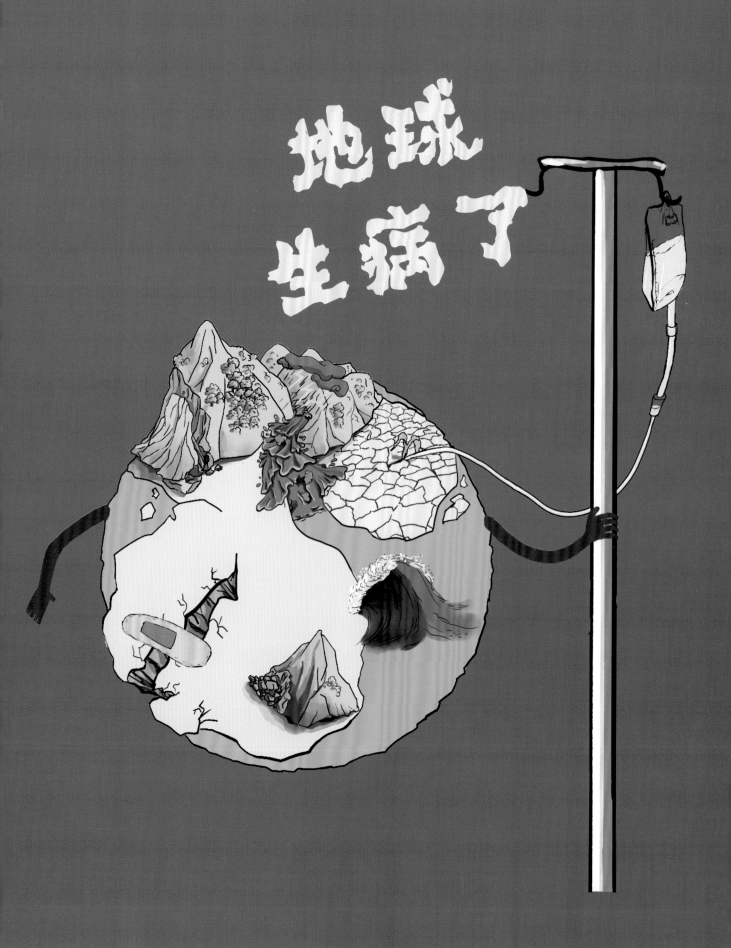

大自然美丽的外衣之下，潜伏着各种各样的地质隐患。有时，大自然像一位美丽的天使，山光明媚，水色秀丽；但有时，又像一个可怕的魔鬼，面目狰狞，暴虐无道。

地质隐患就如同人体内的隐疾，不发作的时候风平浪静，但是如果忽略轻视，一旦病情发作，可能就会一发不可收拾，悔之晚矣。病来如山倒，虽然说的是生病，但同时也形象地说明，像山体崩塌这一类的地质灾害来临时，人类往往是难以承受的。

人类需要定期体检，地球同样也需要预防性"体检"。

运用先进的科技工具，采用拍摄、绘图、扫描等方式，就像给人体做B超、CT一样，对地质隐患地带进行全面精细地监测分析，才能精准地发现隐患，及时应对危机。

那么，

地质灾害有哪些特征？

我们该使用什么仪器设备来给它做检查？

又该如何预防、治理和躲避地质灾害的危险呢？

下面我们就一起了解地质灾害，学习常见地质灾害及其防范的基本知识。

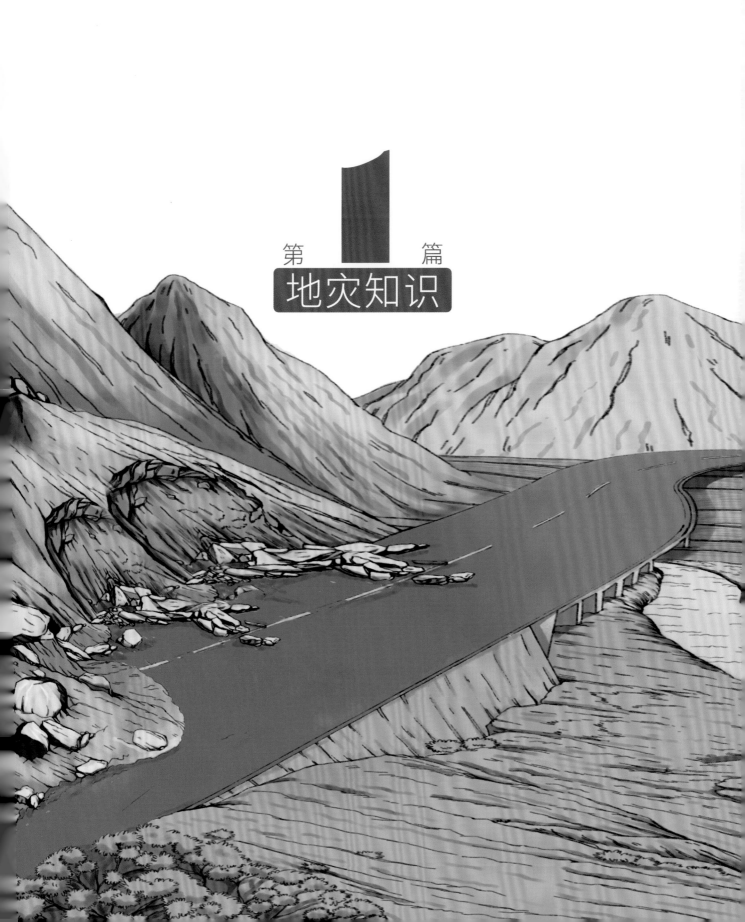

第 **1** 篇
地灾知识

壹

什么是地质灾害

在人类历史长河中，发生过一次次触目惊心的重大自然灾难，哪怕时间过去再久，它们都会成为后人心头永远难以抹平的伤痛。例如：2010年8月7日，甘肃舟曲县城东北部山区突降暴雨引发特大泥石流地质灾害，泥石流长约5千米，平均宽度300米，平均厚度5米，流经区域被夷为平地，泥石流造成1 557人死亡，208人失踪；1980年6月3日，湖北省远安县盐池河磷矿发生山体崩塌，崩塌堆积的体积超过100万立方米，崩塌体把磷矿的五层大楼掀倒、掩埋，共造成307人死亡，损失十分惨重；1963年10月9日，意大利瓦依昂水库发生巨型滑坡，滑坡产生的涌浪翻过大坝冲毁了大坝下游的兰加隆古镇和附近的5个村庄，造成1 925人死亡。

类似这样大大小小的灾难，世界各地几乎每时每刻都在发生，它们经常出现在各种媒体上，甚至有时成为众多媒体报道的热点话题。这些自然灾害事件共有一个人们耳熟能详的名字，叫做"地质灾害"。

在我国，对地质灾害的定义是：在自然或人为因素作用下形成的，对人类生命财产、环境造成破坏和损失的地质作用或地质现象。

在这个定义中，一是指出了地质灾害是自然因素或人为因素所为，二是明确了人类生命财产损失和环境破坏是因地质灾害所致。这里所说的自然因素指的就是一些客观因素，这些因素不以人的意志为转移，诸如降雨、台风、严寒、地震和火山喷发，等等。自然或人为因素作用不同，地质灾害的表现形式也千差万别。

地质灾害知多少

如同人类有各种各样的疾病，对地球来说，地质灾害就是地球的疾病之一，种类繁多，形形色色。

就成因而论，地质灾害分为自然地质灾害和人为地质灾害，前者主要由自然变异导致，后者主要由人类活动诱发。

根据地质作用不同，地质灾害分为内动力地质灾害和外动力地质灾害。内动力地质灾害是由构造运动和岩浆活动等导致，如地震和火山喷发；外动力地质灾害发生于地球表面，是由风化作用，水和风的搬运、堆积作用引起的，如滑坡、泥石流、水土流失等。

从地质灾害的发生、发展过程来看，地质灾害分为渐变性地质灾害和突发性地质灾害。渐变性地质灾害经常有明显的前兆，可以让我们从容预防，因此造成的损失较为有限；而突发性的地质灾害，往往令我们猝不及防，难以预料，其造成的损失往往是无法挽回的生命伤亡。所以突发性地质灾害是地质灾害防治的主要对象。

按照地质灾害规模，可划分为巨型、大型、中型和小型四个规模等级，不同类型地质灾害，规模分级的体积大小界限不一。

常见地质灾害规模等级分类

崩塌规模

<1万立方米体积
小型

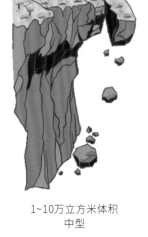

1~10万立方米体积
中型

10~100万立方米体积
大型

≥100万立方米体积
特大型

滑坡规模

<10万立方米体积
小型

泥石流规模

<1万立方米堆积体体积
小型

1~10万立方米堆积体体积
中型

10~50万立方米堆积体体积
大型

≥50万立方米堆积体体积
特大型

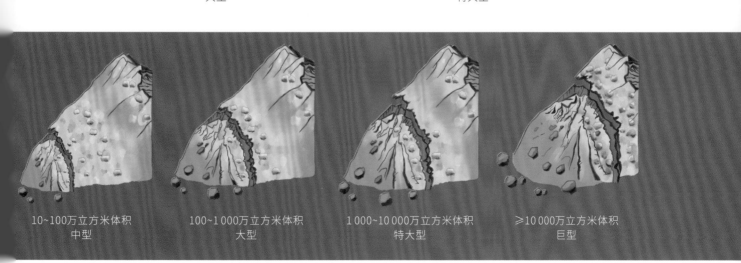

10~100万立方米体积
中型

100~1000万立方米体积
大型

1000~10 000万立方米体积
特大型

≥10 000万立方米体积
巨型

地质灾害哪里多?

我国是世界上地质灾害最严重的国家之一。地质灾害种类多,分布广泛,活动频繁,危害严重。不同类型、不同规模的地质灾害,几乎覆盖了中国大陆的所有区域,从西到东、从北向南、从内陆到沿海地质灾害发育类型不同、灾害程度不同。东部地区以地面沉降为主,华北、华南地区地面塌陷十分严重,西部地区则以崩塌、滑坡、泥石流为主。

以贺兰山—六盘山—龙门山—哀牢山、大兴安岭—太行山—武陵山—雪峰山为界,我国大陆的地质灾害区域分为三大部分。西区为高原山地,海拔高,地壳运动强烈,构造、地层复杂,气候干燥,风化强烈,岩石破碎,因而主要发育地震、冻融、泥石流、沙漠化等地质灾害。中区为高原、平原过渡地带,地形陡峻,切割剧烈,地层复杂,风化严重,活动断裂发育,因而主要发育地震、崩塌、泥石流、滑坡、水土流失、土地沙化、地面变形、黄土湿陷、矿井灾害等地质灾害。东区为平原及海岸和大陆架,地形起伏不大,气候潮湿且降雨丰富,崩塌、滑坡、泥石流等地质灾害相对较轻,主要发育在相对海拔较高地区。

从北向南,阴山—天山、昆仑—秦岭、南岭等巨大山系横贯中国大陆,沿这些山系,崩塌、滑坡、泥石流等地质灾害严重。它们的相间地带(大河流域)崩塌、滑坡、泥石流等地质灾害发育相对较轻。

(1) 崩塌
(2) 泥石流
(3) 滑坡

贰

大地顽疾
——常见地质灾害

身处现代都市，人们似乎远离了地质灾害的危险，因为钢筋混凝土给人们构筑了一个坚固的外壳，保证了大家生活的安全。居住在山区或时常外出的驴友，可能遇见过地质灾害，尤其是在那些还未完全开发建设好的原始环境地区，泥石流、崩塌和山体滑坡等自然灾害，更是"家常便饭"。或许这三种地灾可以被视为大地的常见顽疾吧。说到底，水往低处流，石头往下掉，这些地质灾害也不过就是自然界物理规律的天然表现罢了。

那么，就让我们来好好认识一下崩塌、滑坡、泥石流这三位"老相识"吧。

突如其来，山崩石坠——崩塌

什么是崩塌

牛顿告诉我们，重力的作用无处不在。有些又高又陡斜坡上的岩石和泥土，会在重力的作用下突然脱离母体，向下方滚动、跳跃、坠落，由此发生的运动现象和过程被称为崩塌。

崩塌是不是在任何地方都会发生呢？**很显然，只有某些特殊的岩石或山体才可能有发生崩塌的危险。**那些崩塌发生之前的不稳定岩土体，具有很大的危险性，所以被称为危岩体。

崩塌的发生往往是突如其来的，也许正当游客悠然自得观赏风景，拍照留念的时候，"哗啦"一声响，崩塌就发生了。

崩塌一般具有突发性，持续时间很短，运动速度很快。

崩塌的规模也大小悬殊。特大型崩塌，如一座山体发生崩塌，被称为山崩，崩塌体积可达数千万立方米。较小型的岩体崩塌被称为坠石，崩塌体积可能只有几立方米。

崩塌发生有缘由

崩塌总是突如其来，令人措手不及，甚至会导致伤亡惨重。幸好，地质学家早就把崩塌发生的来龙去脉搞了个一清二楚，崩塌具有独特的形成机理，其形成和演化具有一定的规律性。

崩塌发生的规律有哪些呢？我们把崩塌的形成总结两个条件：内在条件和外在条件。内在条件，指的是地质环境因素，包括岩土体类型、地质构造、地形地貌等；外在条件，指的是触发因素，包括地震、降雨、融雪、人类活动等。这两个条件里应外合，共同造成了崩塌。

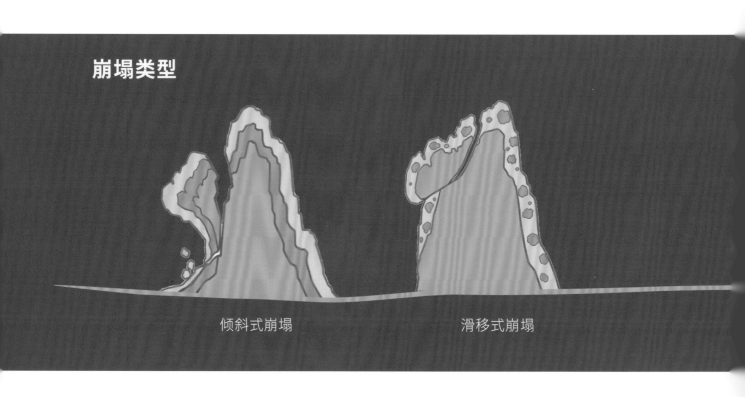

崩塌类型

倾斜式崩塌　　　　　　　　滑移式崩塌

内在条件

岩土体类型　岩土体是产生崩塌的物质条件，通常坚硬的岩石和结构密实的黄土容易形成规模较大的崩塌体，软弱的岩石及松散土层通常以坠落和剥落为主。

地质构造　各种构造面，如节理、裂隙面、岩层界面、断层等对坡体的切割、分离，为崩塌的形成提供脱离母体（山体）的边界条件。坡体中裂隙越发育，越易发生崩塌，与坡体延伸方向近于平行的陡倾构造面，最易发生崩塌。

地形地貌　江、河、湖（水库）、沟的岸坡，各种山坡、铁路、公路边坡、工程建筑物边坡及各类人工边坡都是利于崩塌产生的部位，坡度大于45度的高陡斜坡、孤立山嘴或凹形陡坡均为崩塌形成的有利地形。

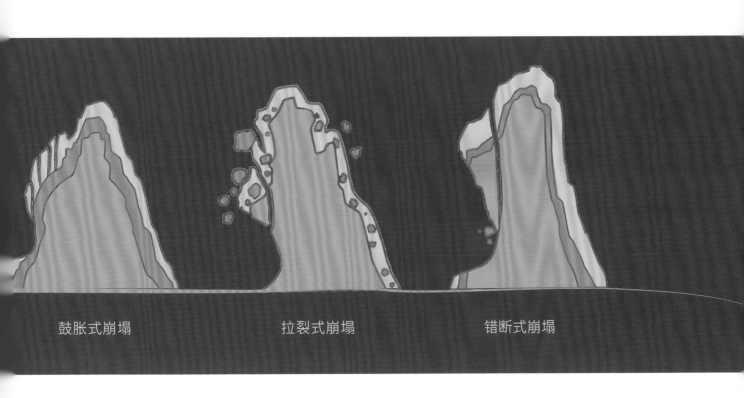

鼓胀式崩塌　　　　　　　　　　拉裂式崩塌　　　　　　　　　　错断式崩塌

外在条件

地震 地震引起坡体晃动，破坏坡体平衡，从而诱发崩塌。一般烈度7度以上的地震都会诱发大量崩塌。

融雪、降雨 特别是大雨、暴雨和长时间的连续降雨，地表水渗入坡体，软化岩土及其中软弱面，产生孔隙水压力等，从而诱发崩塌。

地表水冲刷、浸泡 河流等地表水体不断地冲刷坡脚或浸泡坡脚、削弱坡体支撑或软化岩土，降低坡体强度，也可能诱发崩塌。

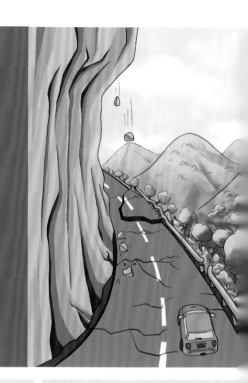

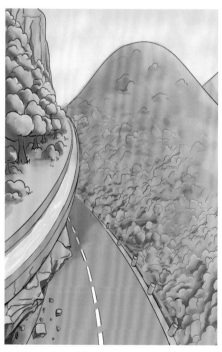

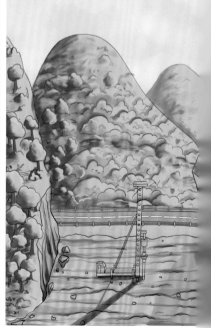

采矿活动　采掘矿产资源活动过程中出现崩塌的案例很多，有露天采矿场边坡崩塌，也有地下采矿形成采空区引起的地表崩塌。

道路工程开挖边坡　修筑铁路、公路时，开挖边坡切割了外倾的或缓倾的软弱地层，加之大爆破对边坡强烈震动诱发崩塌，甚至削坡过陡都可能诱发崩塌。

水库蓄水与渠道渗漏　主要是指水浸泡和软化作用，以及水在岩体（土体）中的静水压力、动水压力，可能导致崩塌发生。

堆（弃）渣填土加载　如果在可能生产崩塌的地段不适当地堆碴、弃渣、填土，相当于给可能的崩塌体增加了重量，从而诱发崩塌。

强烈的机械震动　如火车、机车行进中的震动，工厂锻轧机械震动，均可能诱发崩塌。

裂 坡体内部裂隙发育，尤其垂直和平行斜坡延伸方向的陡裂隙发育，或者顺坡裂隙或软弱带发育；坡体上部已发育拉张裂隙，并且切割坡体的裂隙、裂缝将可能贯通，使之与山体形成分离之势。

陡 地形坡度大于45度、高度大于30米以上的坡体，或坡体成孤立山嘴，或凹形陡坡。

为了形象地描述崩塌的形成条件，可以用裂、陡、空、落四个字进行概括。

空 坡体前部存在临空空间，崩塌体可以向着临空方向变形。

落 在地震、融雪、降雨、地表冲刷、人工不合理的工程活动等作用下，具备上述三个条件的坡体则会突然脱离山体发生倾倒、坠落或垮塌等现象。

崩塌危害多可怕

大规模的崩塌现象常常给工程建设、社会生产和人民生命财产安全造成巨大的危害。
高速运动的岩土体，具有很大的动能，可能会对崩塌周围，以及下方的建筑物、人和动物
的生命构成威胁。大型崩塌会堵塞、掩埋沿线的公路、铁路，给交通安全带来威胁。
崩塌有时还会使河流堵塞形成堰塞湖，这样就会导致上游建筑物及农田淹没在宽河谷中。
崩塌能使河流改道或改变河流性质，从而形成急湍地段。

崩塌典型事例——宜昌远安盐池河磷矿山体崩塌

1980年6月3日，湖北省远安县盐池河磷矿发生了严重的山体崩塌。山崩时，鹰嘴崖部分山体从海拔700米处向下俯冲到海拔500米处的谷地。在山谷中形成南北长约560米、东西宽约400米、厚度约20米的堆积体，崩塌堆积的体积超过100万立方米，最大岩块有2 700多吨重。顷刻之间在盐池河上筑起了一座高38米的堤坝，形成了一座"天然湖泊"。这场灾难把当地的五层大楼掀倒、掩埋，还毁坏了该矿的设备和财产，并造成307人死亡，损失十分惨重，成为我国历史上损失最大的崩塌灾害之一。

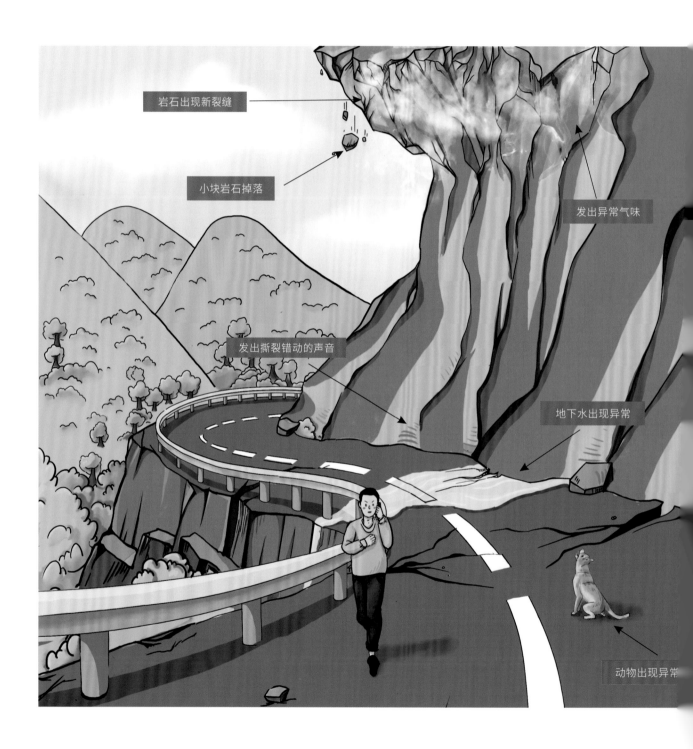

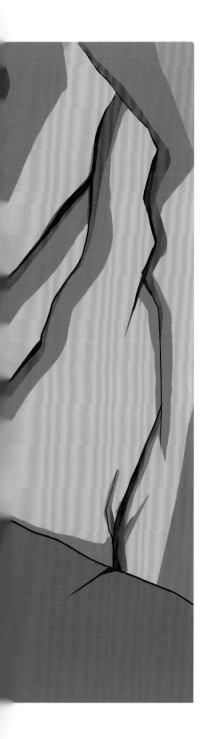

应知道

崩塌先兆应知道

要搞清楚崩塌发生的机制和原理，从源头上治理崩塌，这样的本事只有地质学家才具备。不过，普通人也能在关键时刻提前预见崩塌，避免危险，保证安全。危岩崩塌前，可能会有以下征兆出现。

崩塌处顶部、下部的岩石会出现一些新的裂缝。
这些新裂缝产生的地方，会发出撕裂、摩擦、错动的声音。
危岩体前缘会开始出现一些小块岩石掉落的现象。
埋藏在含水岩层里的地下水也会跟着发生变化，平时干燥的坡体会有水流出。
还可能会闻到一些从岩石缝隙中散发出来的异常气味。
附近的动物们可能会出现异常的行为，如焦燥不安、吠叫。

猝不及防，山坡滑落——滑坡

什么是滑坡

滑坡，在民间被称为"走山"、"垮山"或"地滑"。如果出生在山区，居住在山坡下，那么一定听说过这些称呼，它们都是滑坡的别名或绰号。**顾名思义，它是斜坡发生变形的一种地质灾害。**

斜坡上的岩体或土体在重力的作用下，一下子从山坡上滑动下来，就好像山体伤风感冒，滑坡或许就好比山体在"流鼻涕"。

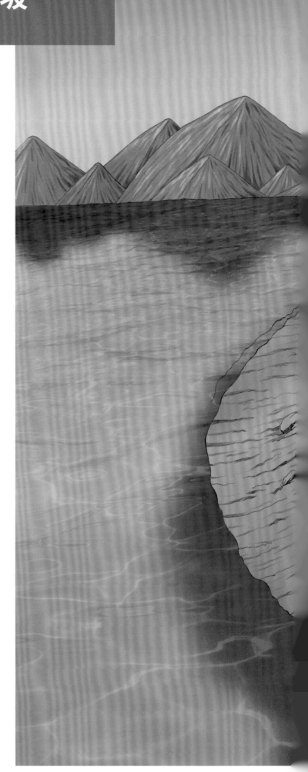

滑坡到底长啥样

滑坡有些要素并非在任何一个滑坡都能见到,只有在发育完全的新生滑坡中才可能同时出现。

滑坡壁 滑坡体后缘与不动的山体脱离后,暴露在外面的形似壁状的分界面

滑坡洼地 滑动时滑坡体与滑坡壁间拉开,形成的沟槽或中间低四周高的封闭洼地

滑坡周界 滑坡体和周围不动的岩、土体在平面上的分界线

滑坡鼓丘 滑坡体前缘因受阻力而隆起的小丘

滑坡泉 滑坡发生后,改变了原有斜坡的水文地质结构,在滑坡内或滑体周缘形成新的地下水集中排泄点

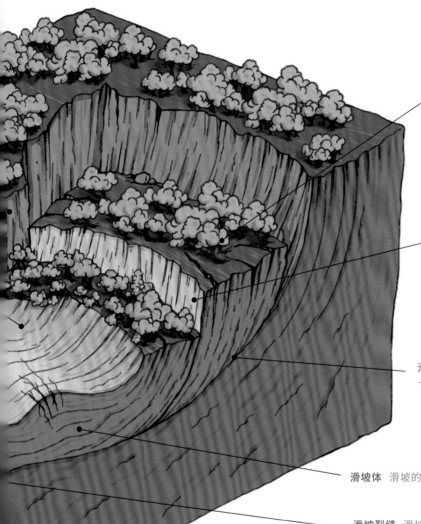

马刀树　滑坡体上的树木随土体滑动而歪斜，在滑动停止后树干的上部又逐年转为直立状态的树木

滑坡台阶　滑坡体滑动时，由于各种岩、土体滑动速度差异，在滑坡体表面形成台阶状的错落台阶

滑动面　滑坡体沿下伏不动的岩土体下滑的分界面，简称滑面

滑坡体　滑坡的整个滑动部分，简称滑体

滑坡裂缝　滑坡活动时在滑体及其边缘所产生的一系列裂缝。位于滑坡体上（后）部多呈弧形展布者称拉张裂缝；位于滑体中部两侧，滑动体与不滑动体分界处者称剪切裂缝；剪切裂缝两侧又常伴有羽毛状排列的裂缝，称羽状裂缝；滑坡体前部因滑动受阻而隆起形成的张开裂缝，称鼓胀裂缝；位于滑坡体中前部，尤其在滑舌部位呈放射状展布者，称扇状裂缝

滑动带　平行滑动面受揉皱及剪切的破碎地带，简称滑带

滑坡舌　滑坡前缘形如舌状的凸出部分，简称滑舌

滑坡床　滑坡体滑动时所依附的下伏不动的岩、土体，简称滑床

滑坡方式数一数

与崩塌一样，滑坡的类型也挺多，不同分类方法所依据的原则也各有不同。

按滑坡运动方式分类

主要按初始滑动位置（滑坡源）所引起的力学特征进行分类。这种分类方式，对滑坡的防治有很大意义。一般根据初始滑动位置不同可分为牵引式、推移式、平移式、混合式。

牵引式 牵引式滑坡首先在斜坡下部发生滑动，然后逐渐向上扩展，引起由下而上的滑动，这主要是由斜坡底部受河流冲刷或人工开挖而造成的。

推移式 推移式滑坡主要是由斜坡上部张开裂缝发育或因堆积重物和在坡上部进行建筑等，引起上部失稳初始滑动而推动下部滑动。

平移式 平移式滑坡滑动面一般较平缓，初始滑动部位分布于滑动面的许多点，这些点同时滑移，然后逐渐发展连接起来。

混合式 混合式滑坡是初始滑动部位上下结合，共同作用导致的。混合式滑坡比较常见。

按滑动面与层面关系分类

这种分类方式应用很广，是较早的一种分类，可分为**均质滑坡**、**顺层滑坡**和**层滑坡**。

均质滑坡 是发生在均质的、没有明显层理的岩体或土体中的滑坡。

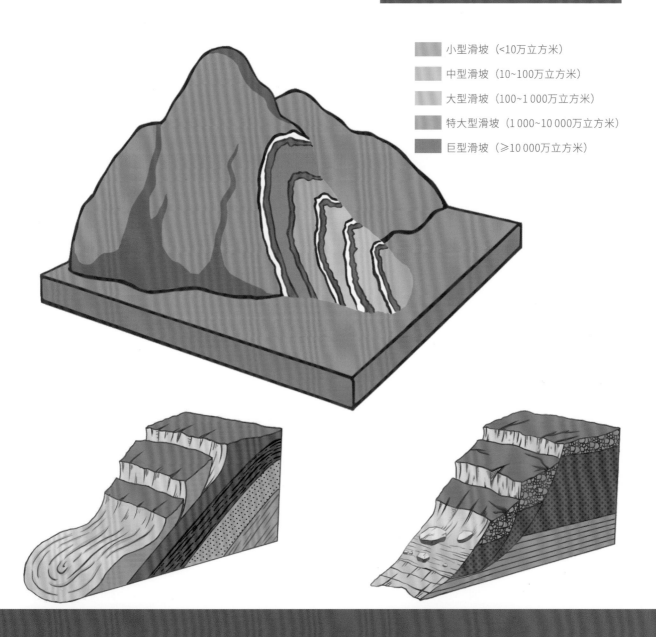

按滑坡体积分类

- 小型滑坡（<10万立方米）
- 中型滑坡（10~100万立方米）
- 大型滑坡（100~1 000万立方米）
- 特大型滑坡（1 000~10 000万立方米）
- 巨型滑坡（≥10 000万立方米）

顺层滑坡　顺层滑坡一般是沿着岩层层面发生的滑坡，特别是有软弱岩层存在时，易成为滑动面。沿着断层面，大裂隙面的滑动，以及残坡积物顺其与下部基岩的不整合面下滑均属于顺层滑坡。

切层滑坡　滑动面与岩层面相切，常沿倾向山外的软弱结构面发生，多发生于逆向或近水平的斜坡。

早知晓

滑坡原因早知晓

滑坡的发生，内在和外在两方面条件里应外合、缺一不可。

内在条件 指的是滑坡本身的地质环境因素，如地形地貌、岩土类型、地质构造、地下水活动等。

外在条件 指的是诱发滑坡的外在因素，可以划分为自然诱发条件和人为诱发条件。

内在条件——滑坡本身的地质环境因素

地形地貌　滑坡的形成首先需要一定的地形地貌条件。只有具备一定坡度的斜坡，才可能发生滑坡。一般江、河、湖（水库）、海、沟的斜坡，以及前缘开阔的山坡、铁路、公路和工程建筑物的边坡等都是易发生滑坡的地貌部位。坡度大于10度，且小于45度，下陡中缓上陡、上部成环状的坡形是产生滑坡的有利地形。

岩土类型　岩土体是产生滑坡的物质基础。结构松散、抗风化能力较弱、遇水性质变化的岩土体（如松散覆盖层、黄土、红黏土、页岩、泥岩、煤系地层、凝灰岩、片岩、板岩、千枚岩等软硬相间的岩层）所构成的斜坡易发生滑坡。

地质构造　组成斜坡的岩体只有被各种构造面切割分离成不连续状态时，才有可能向下滑动。同时，构造面又为降雨等水流进入斜坡提供了通道，如断裂带、地震带等。通常地震烈度大于7度的地区，坡度大于25度的坡体，在地震中极易发生滑坡；断裂带中的岩体破碎，裂隙发育，非常有利于滑坡形成。

地下水活动　地下水活动在滑坡形成中起着主要作用。它的作用主要表现在：软化、潜蚀岩土体，增大岩土体容重，降低岩土体的强度，产生动水压力和浮托力等。尤其是对滑面（带）的软化作用和降低强度的作用最突出。

自然诱发条件

降雨诱发滑坡 降雨是诱发滑坡的主要因素之一。据资料统计，绝大多数滑坡的发生都与降雨有关。

滑坡体就像海绵，降雨条件下，大量的雨水会由坡面渗入坡体中，被岩土体吸收。若坡面有裂缝，则吸收速度更快，岩土体从而吸满水，形成整体饱水状态。饱水状态下的岩土体重量增大；雨水还会使岩土体发生软化效应，降低抗滑能力而导致滑坡。不少滑坡具有大雨大滑、小雨小滑、无雨不滑的特点。

降雨诱发的滑坡，有的发生在暴雨、大雨和长时间的连续降雨之后，在时间上表现出滞后性。一般讲，滑坡体越松散、裂隙越发育、降雨量越大，则滞后时间越短。

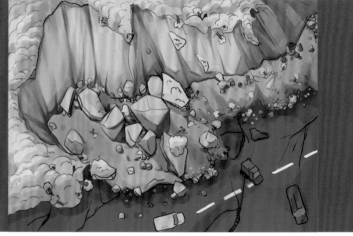

地震诱发滑坡 天然地震本来就是一种内动力地质灾害，同时也是诱发滑坡主要外界因素之一，滑坡又可以称为地震引起的次生地质灾害。

水的冲刷、浸泡诱发滑坡 水的冲刷和侵蚀作用是一种机械磨蚀过程，水不断地破坏坡脚造成滑坡体不稳，形成滑坡；水的浸泡会对岸坡岩土体产生化学溶蚀或软化，导致坡体抗滑力减小从而形成滑坡。

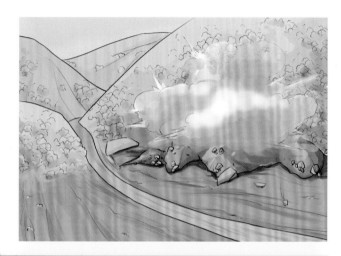

外在条件——诱发因素

1. 自然诱发条件
2. 人为诱发条件

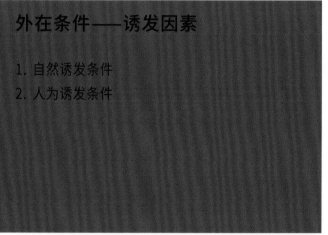

人为诱发条件

坡脚开挖　修建铁路、公路，依山建房、建厂等工程常常因为不科学开挖坡脚，引发滑坡。坡脚位于山坡与地面的交接部位，开挖坡脚改变了坡体中下部的受力分布，底部抗滑段土方开挖减小了滑坡抗滑力，增大了下滑力，最终滑坡下滑力超过抗滑力而诱发滑坡。

爆破　爆破作用会对地表产生振动，使山坡的土体受振动破碎而产生滑坡。

乱砍滥伐　在山坡上乱砍滥伐，导致坡体失去保护，有利于雨水渗入从而诱发滑坡。

乱堆乱砌　厂矿废渣的不合理堆砌，使斜坡支撑不了过大的重量，失去平衡沿软弱面下滑而诱发滑坡。

水库蓄水　水库蓄水导致大量的水渗入坡体内，从而增大了坡体内部的重量，同时对岩土体有软化作用，当坡脚支撑不了坡体整体重量时，就容易发生滑坡。水库泄水时，由于水库水位的下降速度比坡体内水渗出速度快，从而在坡体内外部会产生一个水压力差，这样产生的渗透力也可能导致滑坡的产生。

上述的人类工程活动如果与不利的自然地质环境相结合，则更容易促使滑坡的形成。

野外怎样识别滑坡

在野外，如果没有专业的测量工具，我们怎么知道是否会发生滑坡呢？这个时候需要我们善于观察，根据一些外表迹象和特征来作判断，从而粗略地对滑坡的稳定性进行判别。

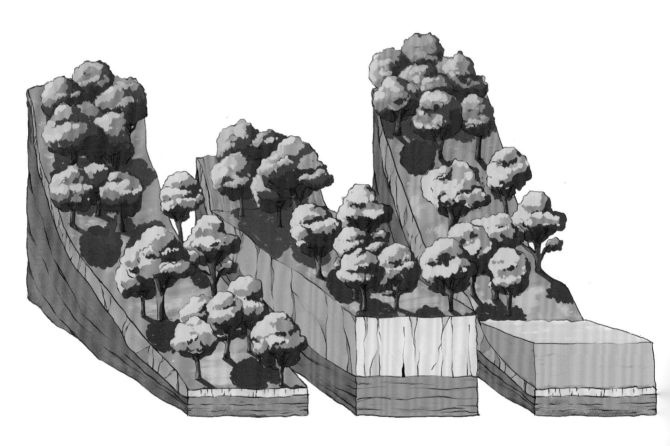

后壁较高，长满了树木，找不到擦痕，且十分稳定。

滑坡平台宽大、且已夷平，土体密实，有沉陷现象。

滑坡前缘的斜坡较陡，土体密实，长满树木，无松散崩塌现象，前缘迎河部分有被河水冲刷过的现象。

已稳定的老滑坡体特征

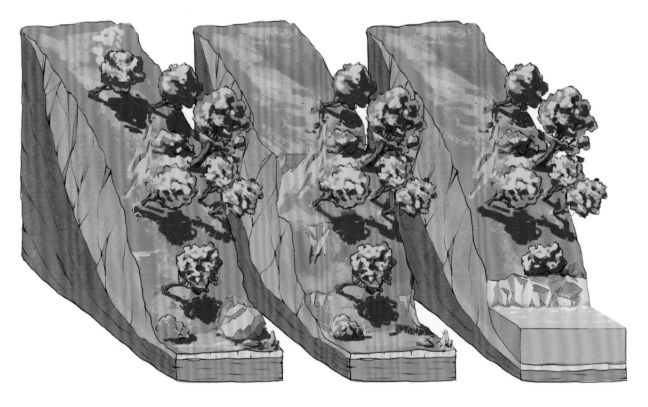

滑坡体上无巨大直立树木。

滑坡体表面总体坡度较陡，而且延伸很长，坡面高低不平。

滑坡前缘土石松散，小型坍塌时有发生，并面临河水冲刷的危险。

不稳定的滑坡体迹象

滑坡危害有多可怕

山区多滑坡，滑坡危害大。滑坡的危害不仅在于它本身造成的灾难，还在于滑坡引发的一系列次生灾害。

那么，滑坡到底有多危险呢?

位于滑坡体上或在滑坡附近的建筑物，滑坡都会对其产生影响。在不稳定斜坡上修建的民房可能会遭受局部或完全破坏，滑坡会使房屋的地基、墙壁、周围设施、地上和地下设施破坏或失稳。在滑坡运动变形初期，滑坡上的房屋墙体会出现开裂，这也是识别斜坡体是否为滑坡体的一个重要特征。当滑坡进入快速运动时期，滑坡上的房屋很可能整体倾倒、倒塌，而处于滑坡下方的房屋则可能被整体破坏。

山体滑坡不仅可能造成一定范围内的人员伤亡、财产损失，还会对道路交通造成严重威胁，会掩埋甚至摧毁公路、铁路，造成道路中断，给交通带来不便。

滑坡典型事例——千将坪滑坡

2003年7月13日凌晨0点20分，湖北省秭归县沙镇溪镇千将坪村发生大型滑坡（滑坡面积约2400万立方米），造成房屋倒塌，农田毁坏，金属硅厂、页岩砖厂等4家企业全部损毁。滑坡还毁坏了部分省道、输电线路，以及广播、电力、国防光缆等基础设施，此次滑坡是三峡水库蓄水以来库区内发生的重大滑坡灾害之一。

滑坡引发的次生灾害

堰塞湖

如果河流的水道被拦腰截住，就会在那里积水形成湖泊，人们修建大坝，就是为了人工建造这样一处湖泊水库。

如果发生了地震、滑坡、崩塌等地质灾害，山上的岩石滑落到河流、水库中间，也可能形成天然的水坝，这样储水形成的湖泊被称为堰塞湖。形成堰塞湖以后，上游的水位会被抬高，导致洪灾发生。而如果堰塞湖里面的水一下子决坝而下，就会在下游产生洪水或泥石流，造成严重的灾害。

如何防范堰塞湖的危险

形成堰塞湖后，需要由专家及时进行灾害评估，判断堰塞湖的性质和危险程度，尽快采取相应的防治措施。

堰塞湖有可能发生两种溃决方式——逐步溃决或瞬时溃决，根据溃决方式采取相应的防治措施非常重要。对于那些危险性很大的堰塞湖，必须采用人工挖掘、爆破、拦截等方式解决隐患，以免造成更大的灾害。在排除灾害危险的同时，还要及时对堰塞湖区域进行监测和预警，防范危险的发生。

堰塞湖典型事例——唐家山堰塞湖

四川省绵阳市唐家山堰塞湖，是汶川大地震后形成的最大堰塞湖。地震后山体滑坡，阻塞河道形成的唐家山堰塞湖位于湔江上游距北川县城约6公里处，是北川灾区面积最大、危险最大的一个堰塞湖，最大库容可达3.2亿立方米。

滑坡引发的次生灾害

涌浪

俗话说"无风不起浪",但是如果滑坡体快速滑入下面的河流、水库之中,就会激起巨大的波浪,甚至会造成毁灭性的灾难。这种"无风也起浪"的现象,被称为涌浪,它是与滑坡伴生的一种自然灾害。

滑坡发生时,巨大的涌浪会引起水面水体迅速变化,冲向两岸,推向下游,有可能打翻船只,甚至击毁岸边的建筑设施、农田、道路,造成巨大损失。

如何防范涌浪危险

涌浪来得太突然,破坏性又巨大,所以修建水边的建筑物时,需要考虑涌浪发生的危险。在设计时,要能够抵挡涌浪的危害。选址要尽量远离水库岸边。

如果在水库区域突然发生滑坡险情,那么专业人员就应该考虑有可能会出现涌浪,及时评估后发出警报,通过海事主管部门通知附近水域船只采取避险措施,通过政府及自然资源主管部门组织灾区群众有序撤离。

涌浪典型事例——意大利瓦依昂灾害

1963年10月9日夜10点40分左右，随着一声巨响，一块超过2.7亿立方米的巨大山体以上百公里的时速砸进了瓦依昂大坝，严重的山体滑坡造成大坝中5 000万立方米的蓄水瞬间被挤出，翻涌形成了250米高的巨浪，并以摧枯拉朽之势冲掉了当初设置的防洪设施，就在短短几分钟的时间里彻底摧毁了1个城镇和5个村庄。

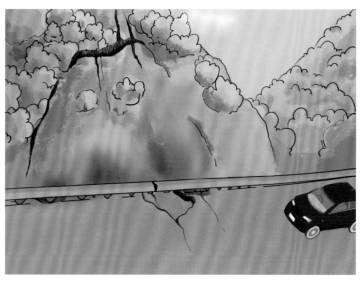

- 地灾要来动物先知晓，狗儿无故乱叫，灾害要来到
- 地面无故开裂鼓包——地灾来了！快跑！
- 池塘漏水是警示
- 井水突然现怪象——地灾！

应知道

滑坡先兆应知道

滑坡虽然时常不告自来，让人猝不及防，但如能练就一双"火眼金睛"的话，也可以提前发现许多蛛丝马迹，从而有效减小滑坡的损害。

滑坡发生之前，往往会出现各种奇奇怪怪的现象，例如滑体上出现裂缝、鼓胀或局部塌方，滑坡之上的房屋出现裂缝，池塘漏水，泉水变浑……有的时候，动物的感觉比人更加灵敏，它们会提前预感到即将来临的灾难。

可以用四句打油诗来概括这些先兆：

地裂房裂地生包，无故池干浑水冒，偶尔地下传声响，鸡飞狗跳鱼儿跃。

只要能及时抓住这些特征，就很有可能躲避灾难，减小损失。

泥石俱下，一泻千里——泥石流

什么是泥石流

"山洪""龙扒""水泡"这些名字都是大名鼎鼎的泥石流的各种绰号，由于泥石流在山区较为常见，才有了这么多名字来称呼它。

顾名思义，泥石流就是在暴雨降临或水库决堤时，大量的水体携带泥沙石块，共同冲泻而下的地质灾害现象。泥石流多在沟底或坡地形成，破坏力非常强。

泥石流 有哪几种

按物质组成分类

水流型泥石流
主要由水、砂粒和石块组成

泥水型泥石流
含有大量黏性土，呈现稠状

泥石流型泥石流
由大量黏土、砂粒和石块组成

按成因分类

降雨型泥石流
由强降雨引发

冰雪型泥石流
由冰雪融化引发

溃决型泥石流
由堰塞体在凌空条
件下溃决形成

按流体性质分类

稀性泥石流　黏性土含量少，以水为主要成分，水为搬运介质，石块以滚动或跳跃的方式前进，堆积物在堆积区呈扇状，堆积后往往形成"石海"。稀性泥石流在堆积区呈扇状散流，将原来的堆积扇切割成条条深沟。

黏性泥石流　为含大量黏性土的泥石流或泥流，水和泥沙、石块凝聚成一个黏性的整体，黏性大、稠度大、石块呈悬浮状态，暴发突然，持续时间短，破坏力大。泥石流在堆积区不发生散流时，呈狭长带状如长舌一样向下奔泻和堆积。

为何暴发泥石流

泥石流的暴发，同样离不开内外两方面条件的共同作用。

内在条件

泥石流的形成必须同时具备三个条件：陡峻的地形地貌、丰富的松散物质、短时间内有大量的水源。

陡峻的地形地貌条件　地形上，山高沟深、地势陡峻、沟床纵坡降大、沟谷形状便于水流汇集。沟谷上游地形多为三面环山，一面出口的瓢状或漏斗状，周围山高坡陡，植被生长不良，有利于水和松散土石的集中；沟谷中游地形多为峡谷，沟底纵向坡度大，使泥石流能够向下游快速流动；沟谷下游出山口的地方地形开阔平坦，泥石流物质出口后能够堆积下来。

松散物质来源条件　沟谷斜坡表层岩层结构疏松软弱、易于风化、节理发育，有厚度较大的松散土石堆积物，可为泥石流形成提供丰富的固体物质来源；人类工程活动往往也为泥石流提供大量的物质来源。

水源条件　水既是泥石流的重要组成部分，又是泥石流的重要激发条件和动力来源。泥石流的水源有暴雨、冰雪融水和水库（池）溃决下泄水体等。滑坡体滑动冲入水体以后，将引起水体表面迅速变化。

外在条件

不合理开挖 指修建铁路、公路、水渠以及其他工程建筑的不合理开挖。有些泥石流就是在修建公路、水渠、铁路及其他建筑活动，破坏了山坡表面而形成的。如云南省东川至昆明公路的老干沟，因修公路及水渠，山体遭破坏，加之1966年犀牛山地震又诱发过崩塌、滑坡，致使泥石流更加严重。又如香港多年来修建了许多大型工程和地面建筑，几乎每个工程都要劈山填海或填方才能获得合适的建筑场地，1972年一次暴雨，使正在施工的挖掘工程现场中有120人死于滑坡造成的泥石流。

滥伐乱垦 滥伐乱垦会使植被消失、山坡失去保护、土体疏松、冲沟发育，大大加重水土流失，进而破坏山坡的稳定性，崩塌、滑坡等不良地质现象发育，结果就很容易诱发泥石流。例如甘肃省白龙江中游是我国著名的泥石流多发区。一千多年前，那里竹树茂密、山清水秀，后因伐木烧炭、烧山开荒，森林被破坏，造成泥石流泛滥。又如甘川公路石坳子沟山上大耳头，原是森林区，因毁林开荒，1976年发生泥石流毁坏了下游村庄、公路，造成人民生命财产的严重损失。当地群众说"山上开亩荒，山下冲个光"。

弃土弃渣采石 这种行为造成的泥石流的事例很多。如四川省冕宁县泸沽铁矿汉罗沟，因不合理堆放弃土、矿渣，1972年一场大雨引发了矿山泥石流，冲出松散固体物质约10万立方米，淤埋成昆铁路300米和喜(德)—西(昌)公路250米，行车中断，给交通运输带来严重损失。又如甘川公路西水附近，1973年冬在沿公路的沟内开采石料，1974年7月18日发生泥石流，使15座桥涵淤塞。

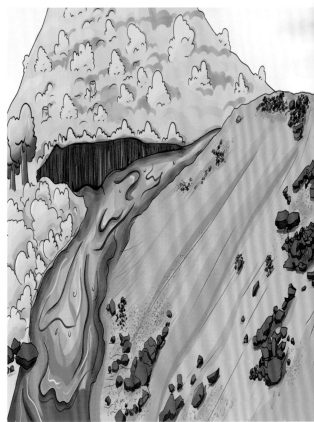

泥石要想流动起来，离不开水的帮助。所以，泥石流的发生常与降雨有密切的关系。雨水异常充沛的时候（例如多雨的夏秋季节），才有可能裹挟土体岩石，造成泥石流灾害。

西南地区的泥石流多发生在6~9月，西北地区降雨多集中在7、8两个月。据不完全统计，发生在这两个月的泥石流灾害约占该地区全年泥石流灾害的90%。

应知道

泥石流先兆应知道

出行、安营小贴士

- 沿山谷徒步时，一旦遭遇大雨，千万不要在谷底过多停留，要迅速转移到附近安全的高地。

- 注意观察周围环境，特别留意异常声响，如听到远处山谷传来打雷般声音，要高度警惕，这很可能是泥石流来临的征兆。

- 要选择平整的高地作为营地，不要在山谷和河沟底部扎营，同时尽可能避开有滚石和大量堆积物的山坡，雨停后不能马上进入沟谷，因为泥石流常滞后于降雨暴发。

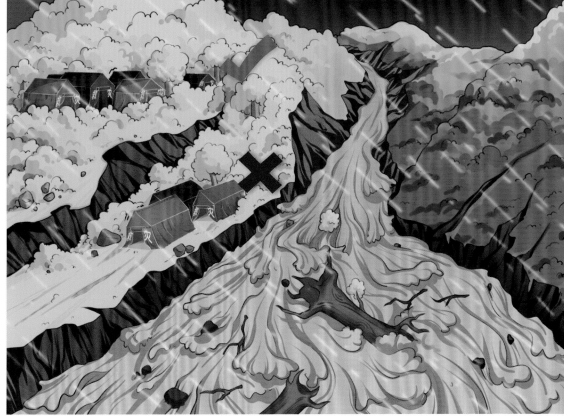

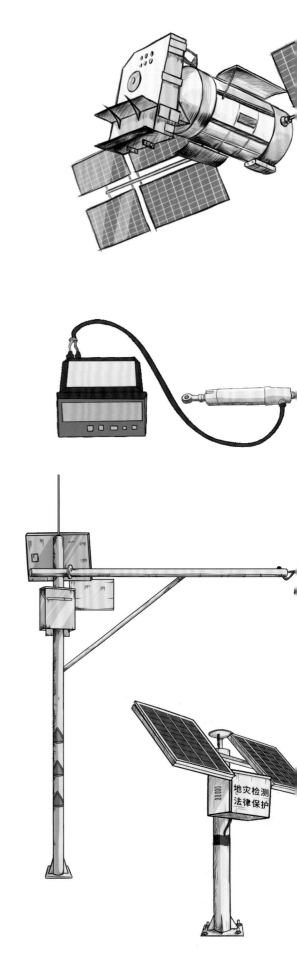

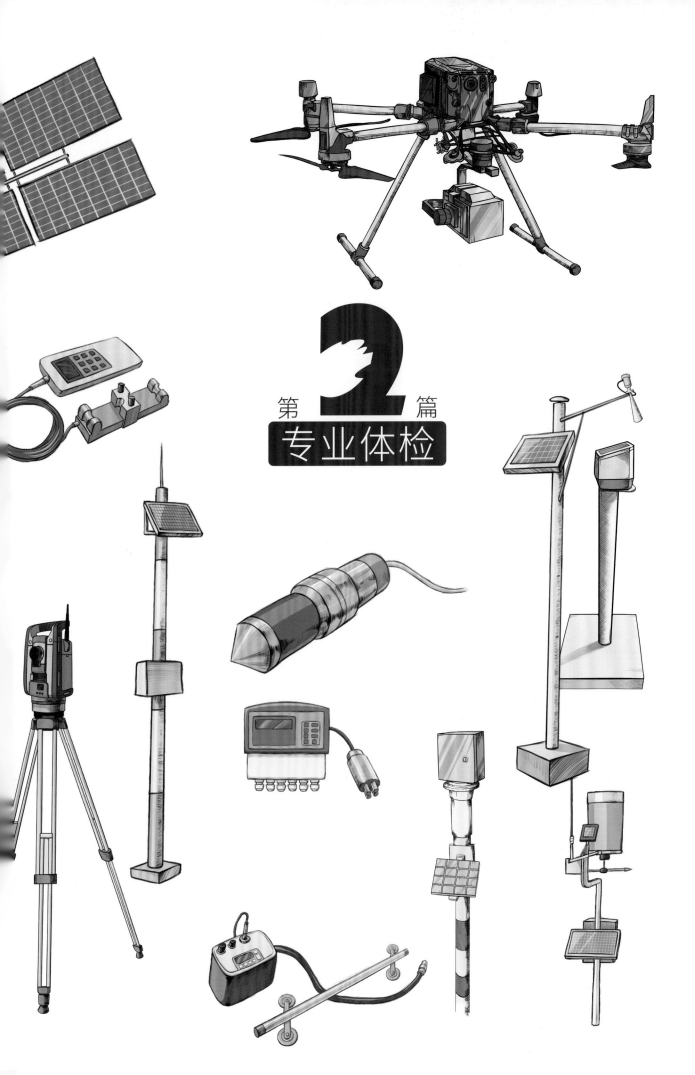

第 **2** 篇
专业体检

壹 地球也需要体检吗？

我们的祖国地大物博，但一半以上的国土都是丘陵地带，所以崩塌、滑坡、泥石流等地质灾害发生得也较频繁。这些灾害给我们带来了很大的伤痛，据统计，2008~2018年10年间，就有超过1/4的伤亡人员是由自然灾害造成的！

由于我国地质灾害分布区域广阔、情况复杂，灾害又善于隐藏、来势凶猛，地质灾害防治任务十分艰巨。

针对这些地球"顽疾"，我们的"地质医生"想出了许多妙招，主要还是以预防为主。想要预防地质灾害，只要及时开展监测预警工作，也并非不可能完成。

依靠许多监测设备的帮助，"地质医生"可以在灾害病症还没有病入膏肓的时候，防患于未然。

贰

体检项目一二三

地质灾害监测的工作，就是要提前把握地质灾害发展到什么程度了，在它还没有暴发之前，就想办法进行防范，或者帮助人们及时躲避。

那么，如何判断地质灾害什么时候可能暴发呢？对地质灾害的监测，又包括了哪些内容呢？"地质医生"会使用各种精密仪器，监测地质变化的三方面内容：**变形监测、前兆异常监测、影响因素监测**。

变形监测

变形监测是什么呢？　就是监测地质灾害体的变形情况。更具体一点，是监测地质灾害位移、倾斜及其他相关物理量的变化。

位移监测是指监测地质体移动了多少，往哪个方向移动，速度是多少，裂缝有多大，裂缝是否变形……倾斜监测是指监测地质体是地面倾斜还是地下（或钻孔）倾斜。

这还不算完，还需要监测一些与变形有关的物理量，主要包括推力、地应力、地声、地温等。监测这些是为了能更准确地判断地质体变形的趋势。

前兆异常监测

前兆是地质灾害发生之前的预兆，不过并不是看不见摸不着的神秘预感，而是实实在在发生的异常现象，例如地表裂缝等。

地表裂缝 表现为前缘岩土体局部坍塌、鼓胀、剪出，或者建筑物或地面破坏。

除了这些宏观变形需要监测外，还有动物异常监测、地表水和地下水宏观异常监测及宏观地声监测……

就以泥石流为例吧。泥石流是携带有大量泥沙及石块的特殊洪流，危害非常大。其中的泥、砂、砾石和水会不停地碰撞、摩擦，所产生的振动会沿着地表传播开来，这就是"地声"。

如果能提前监测到异常发生信号，就可以在泥石流发生前及时发出预警，自然也就可以有效减轻甚至避免损失。

影响因素监测

地质灾害的发生看似突然，其实它有一个酝酿的过程。就像重症都是由小问题逐渐积累发展而来的一样，地质灾害的发生也往往是由各种小问题日积月累导致的。

那么，哪些因素会促使它的发生呢？常见影响因素包括降雨、地下水、地表水、库水位、地震和其他人为活动情况。

对这些方面的监测必不可少。以滑坡为例，来看看这些因素是如何对地质灾害的形成产生影响，了解对它们进行监测的必要性。

降雨

降雨入渗对边坡的影响，主要体现在物理作用和化学作用两方面。就化学作用而言，雨水溶解了土体内的矿物、胶结物，或者让某些成分结晶沉淀，这样，土体的孔隙和颗粒排列方式等就发生了变化，它的强度降低了，稳定性也降低了，更容易变形，也就容易导致垮塌了。其实道理很简单，一句话——泥土里面进了水，变成了稀泥巴，自然就容易流动变形，并由此导致灾害发生。

所以，我们要通过监测和分析，掌握安全降雨量，便于及时发出预警。

库水位

对于部分涉水滑坡，需要进行库水位监测。这并不奇怪，山坡整天泡在水里面，很可能发生坍塌。有趣的是，不论水库的水位涨还是落，都容易引发滑坡。这是怎么回事呢？

原来，当库水位上升时，淹没在水中的那些泥土会被水体软化，从而容易发生滑动崩塌。

当库水位下降时，那些原来泡在水里面的泥土早已吸饱了水，前面失去水的阻挡，重量增加，就会趁势往下落，从而更易向下滑动了。

由此可见，库水位无论是升还是降，都会影响滑坡稳定性，必须进行谨慎准确地监测。

地下水位

下雨的时候往往容易发生滑坡，这是为什么呢？原来，下雨过后雨水会渗透到地面以下，抬高地下水的水位。这些涨上来的地下水，会产生向上的浮力，把泥土顶上去，这和水涨船高是一个道理。

所以说，地下水是影响滑坡稳定最重要的因素之一。我们要科学监测滑坡灾害，地下水监测就是其中不可或缺的一项。

地表水

雨水不仅会渗入地下，形成地下水，造成滑坡，它在地面淤积起来，不断冲刷坡面，也会降低土体的稳定性，由此形成地质灾害，我们把这样的水叫作地表水，滑坡监测也要针对它来做功课。

地震

地震往往会引发滑坡，这个道理很容易明白：地震的强烈作用，会把土石震得松松垮垮，同时，地震往往是连续几波接连出现，强烈地震过后的那些余震破坏性也不小，往往会造成土石体变形，最终发展成滑坡。如果这时候再加上地下水一起来作怪的话，那发生地质灾害，就是意料之中的事情了。

人为活动

不规范的人为活动是破坏地质环境和引发地质灾害的重要因素之一。人们在修建房屋或公路的时候，如果没有规范操作、科学施工，往往会造成滑坡的隐患。这时候如果加上强降雨等因素的影响，可能会引发一系列的地质灾害。

叁

体检设备ABC

针对地质灾害监测，监测手段和仪器多种多样。

第一种手段被称为**天基监测**，它远在太空，依靠卫星雷达和光学仪器的帮助，识别地质灾害的蛛丝马迹。常见的天基监测技术和系统有：干涉合成孔径雷达（interferometric synthetic aperture radar，**InSAR**）测量、全球导航卫星系统（global navigation satellite system，**GNSS**）。

第二种手段被称为**空基监测**，依靠无人机在低空飞行，用它的"火眼金睛"监测各种地质灾害的可能迹象。常见的空基监测手段有机载雷达、航空摄影测量等。

最后一种手段被称为**地基监测**，就是把仪器架设在地面或地下，监测各种地质灾害孕育、发展和形成的过程及触发环境条件。

这些上天入地的监测手段，到底都有些什么奥妙呢？下面就让我们来一一认识吧。

滑坡监测

要想提前知道是否会发生滑坡，需要监测的内容主要包括变形、降雨以及地下水位。

大地变形监测

"大地变形监测"与"地表变形监测"，听上去很专业，意思其实很简单。说白了，就是看看泥土石块发生了什么样的运动，看它有没有、有多少扭来扭去、拱来拱去的动静。监测大地变形最常用的仪器，有全站仪、经纬仪 等。

随着科学技术的日新月异，各种各样的"黑科技"都被发明出来进行监测活动——三维激光扫描仪、测量机器人、一体化GNSS形变监测仪、机载雷达微变形监测仪……别看这些仪器的名字挺高大上，说到底，都是更加精密的直尺和量角器。

机载雷达微变形监测仪

◕ 三维激光扫描技术

三维激光扫描技术，就是利用一具大型的3D数码照相机进行监测的技术。用3D数码照相机可以拍下地面的三维数码图像，由此形成一幅高精度、高分辨率的数字地图。这种先进的监测方法，不仅工作迅速，而且测量精确，数据丰富，图像生动可靠，无疑是我们识别地面变形的一件"神兵利器"。

三维激光扫描仪

🌀 测量机器人技术

测量机器人，虽然从外表看上去不像一个"机器人"，但它却有着智慧的大脑，可以自动搜索、跟踪、辨识和精确找到监测目标，自动化完成所有监测工作，还能够独立对监测结果进行智能化分析与处理。

🌀 GNSS技术

平常使用的导航软件，如全球定位系统（global positioning system，GPS），就能够测量地面的空间信息。GNSS技术，就是一种在地质灾害监测中使用的高精尖版GPS。依靠这种技术，可以监测地表的微小变形，精度可达厘米量级，就连指甲盖大小的变化都不会错过。不仅如此，GNSS技术还有着一双能够全天候辨物的"慧眼"，不管白天黑夜、晴天雨天，它都能测量出地表的变形。

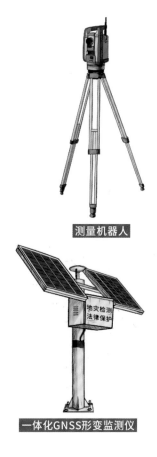

测量机器人

一体化GNSS形变监测仪

🌀 机载雷达微变形监测技术

机载雷达微变形监测技术，能够像蝙蝠一样，发射雷达波来获得周围物体的位置信息和形状信息。不过它可比蝙蝠厉害多了，可以明察最小1毫米的变形。不仅如此，机载雷达不仅看得精细，还能看得宽广，可以对一定区域的灾害体表面进行大范围测量。有了这两大强项，机载雷达成为了地质监测的必备法宝。

🌀 综合自动遥测技术

综合自动遥测技术，其实是一套自动的综合远距离遥控监测系统。它能够在监测过程中自动收集数据、展开分析、绘制图表，并自动将相关信息远距离传输保存。不仅如此，如果出现了危急情况，它还能自动报警，及时帮助人们躲避灾害。

综合自动遥测仪

一体化裂缝计

地表变形监测

地表变形监测，监测的是地面发生了什么样的变形。这种监测方法非常方便，也很有效，使用的器械相对简单，常采用裂缝计、位移传感器或卷尺、卡尺、直尺等直接进行测量。

深部位移监测

如果要了解灾害体内部的位置变化情况，就需要采用专门的仪器来开展深部位移监测，主要采用钻孔倾斜仪进行测量。钻孔倾斜仪就像一把放在土里的标尺，可以测量土体内部是如何运动变化的。

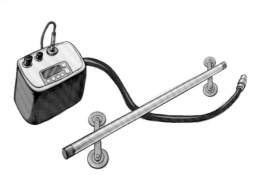

钻孔倾斜仪

孔隙水压力传感器

地下水监测

要想知道灾害体地下水位有什么样的变化，就需要用到水位计、含水率计、孔隙水压力传感器等测量仪器。它们或者测量地下水位的高低，或者测量含水率的变化，从而帮助人们及时预测预报地质灾害。

降雨监测

降雨是诱发滑坡的最重要因素之一，所以降雨监测非常重要，是滑坡预警预报的基础依据。降雨监测测量的是降雨量和降雨过程的变化情况，下了多少雨、有多大、怎么下的，这些都是降雨测量所反映的内容。

降雨监测主要采用雨量计进行测量，现在的雨量计都已经实现自动遥测，使用起来非常可靠方便。

自动雨量计

崩塌监测

崩塌灾害监测与滑坡灾害监测较为类似，所监测的无非也是变形、降雨、地下水位等内容。

裂缝变形监测

裂缝变形监测，顾名思义，是采用工具来测量地质体的裂缝发生了什么变化和运动。仪器通常采用裂缝位移传感器，它包括位移传感器和数字采集系统两部分，位移传感器用来监测裂缝变化，数字采集系统收集数据。

裂缝位移传感器

倾角加速度监测

倾角监测是监测地质体变形部位相对垂直方向角度变形的情况，一般使用倾角加速度监测仪进行监测。

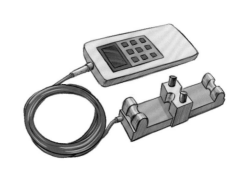

倾角加速度监测仪

预应力锚索监测

为了预防边坡发生崩塌破坏，通常会采用预应力锚索来加固边坡。其实原理很简单，就是将容易发生滑坡的岩体与相对稳固的岩层用锚索连在一起。之所以叫做"预应力"锚索，是由于这些锚索在绑上去的时候会被拉得特别紧，预先施加了一些拉力在上面，从而保证边坡不会滑动。但是随着时间的流逝，这些锚索也会逐渐松弛，必须对预应力锚索的锚固力进行监测以防发生崩塌。一般使用预应力锚索监测仪进行监测。

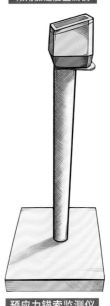

预应力锚索监测仪

泥石流监测

要监测预防泥石流，有三个办法：监测泥石流的形成条件（固体物质来源、气象水文条件等），监测泥石流的运动特征（动态要素、动力要素和输移冲淤等），以及监测泥石流的流体特征（物质组成及其物理化学性质等）。这三个办法各自到底有什么奥妙呢？下面就让我们来一一介绍吧。

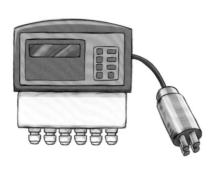

含水量监测仪

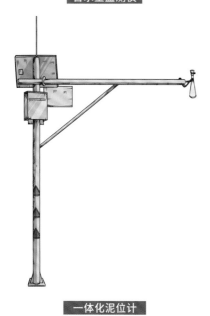

一体化泥位计

形成条件监测

🌀 泥石流物源监测

泥石流的发生与两样东西密切相关，第一是水，包含地表水和地下水的动态活动，第二是人类活动产生的影响。所以泥石流物源监测，监测的就是这些诱发泥石流的相关因素。首先监测地表水动态，就是看看地面以上的水位变化、流动等因素，是否会导致滑坡、崩塌和泥石流等灾害。其次监测地下水动态，考察的是地面以下的水位变化情况及土体含水量情况。最后就是人类工程活动监测了，应用遥感技术，监测人类通过工程活动对地表的改造情况。

气象水文条件监测

泥石流的发生与水直接相关，所以泥石流气象水文条件监测就是要提前预防降雨、冰雪融化及溃坝可能引发的泥石流灾害。其中降雨的监测是重点，毕竟降雨最常见，来得最迅速，引发危害的可能性最大。

运动特征监测

如果泥石流已经发生，就需要随时保持监测，防止灾害进一步扩大，争取及时防治。泥石流运动特征的监测，包括泥石流的动态要素监测和动力要素监测两项。这两项监测内容，监测的是泥石流灾害暴发与发展整个运动过程中产生的各种物理状态变化，包含暴发时间、历时、过程等内容。依靠这些指标，可以做到精准防控，把泥石流灾害造成的损失尽可能减到最小。

泥石流水位监测

泥石流暴发，沟谷中泥石流水位快速上涨，通过监测泥石流水位的变化可以提前预警。

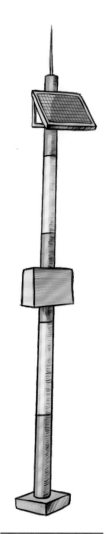

泥石流地声监测仪

第**3**篇

群测群防

你也能帮地球
做体检呢！

地质灾害防治，不仅需要地质人员操作专业仪器展开监测，还需要调动每一位群众，共同合作，群策群力。我国建立了地质灾害群测群防体系，能够及时、有效地应对地质灾害。

地质灾害群测群防体系，是指地质灾害易发区的县（市）、乡（镇）两级人民政府和村（居）民委员会组织辖区内广大人民群众，在自然资源主管部门和相关专业技术单位的指导下，通过开展宣传培训，建立防灾制度等手段，对突发性地质灾害进行前兆和动态调查、巡查和简易监测，实现对地质灾害的及时发现、快速预警和有效避灾的一种主动减灾措施。

那么，为什么我们要建立这套体系呢？地质灾害群测群防体系有什么优势呢？

我们国家地质灾害区域广泛，灾难频发，灾害点又多在偏远地区，导致灾害专业监测成本非常高，很难完全依靠专业人员进行监测。因此，我们形成了发动和依靠广大人民群众共同应对地质灾害的有效机制，即地质灾害群测群防体系，成为我国灾害防治体系的重要构成部分，在减轻地质灾害，减少人员伤亡和经济损失等方面发挥了非常重要的作用。

何为地质灾害群测群防 —

地质灾害群测群防体系的根本特点，就是强调要因地制宜地防灾减灾，哪里出现地质灾害，就在哪里建立防控体系应对。所以说，这是一种尤为重视自我识别、自我监测、自我预报、自我防范、自我应急和自我救治的工作体系。

群测群防，继承了我们"小米加步枪""发动群众"的优良传统，凸显了灾区群众的自发性与自觉性，能够积极地实时应对地灾突变，从而将减灾成本最小化，事半功倍地达到预防和救治目标。

地质灾害群测群防体系

目标	手段	参与者
及时发现 快速预警 有效避灾	宣传培训、建立防灾制度（预案、值班、灾情报告、预警、巡查监测）	县（市）和乡（镇）人民政府、村委会、自然资源部门、专业技术单位、其他相关部门、企事业单位、人民群众

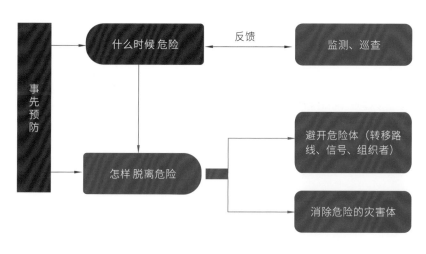

贰

地灾疾病的日常诊断
——群测群防工作
要点

1　明确群测群防的主要任务

2　明确各级组织的职责

3　准备应急预案

4　加强监测员管理

5　组织巡查监测

6　落实"两卡"

7　汛期值班是重点

8　灾情速报要及时

9　地质灾害宣传培训

明确群测群防的主要任务

由于地质灾害可能危胁到我们每一个人的生命和财产安全，所以我们要同心协力，团结起来共同监测、预防。这就要求我们明确地质灾害群测群防的主要任务，由此才能更好地开展相关工作，防治地质灾害。概括起来，地质灾害群测群防体系包括以下具体任务。

01 查明

查明地质灾害发育情况、发生规律及危害程度，确定纳入监测巡查范围的地质灾害隐患点（区），编制监测巡查方案。

02 明确

明确地质灾害防灾责任，建立防灾责任制。

03 确定

确定群众监测员，开展监测知识及相关防灾知识培训。

04 编制

编制年度地质灾害预防方案和隐患点（区）防灾预案，发放地质灾害防灾工作明白卡和地质灾害防灾避险明白卡，建立各项防灾制度。

06 建立

建立辖区内地质灾害隐患点排查档案，隐患点监测原始资料档案及隐患区宏观巡查档案，并及时更新。

通过实时监测和宏观巡查，掌握地质灾害隐患点（区）的变形情况，在出现灾害前兆前，进行临灾预报和预警。

组织实施县级突发地质灾害应急预案。

群测群防主要任务

05 通过

07 组织

明确各级组织的职责

由于地质灾害群测群防体系有着复杂庞大的规模，涉及县（市）、乡（镇）、村三级，所以我们就需要明确它们各自的分工任务，如此才能够更好地通力合作，面对灾害。只有分清职责，明确任务，恰当领导，才能够有效应对地质灾害。

县（市）级

在地质灾害群测群防体系中，县（市）级及以上人民政府承担着主要的领导工作，负责组织防灾演习、应急处置和灾害来临时的抢险救灾等工作。特别是县（市）级自然资源管理部门，他们有着具体的分工任务，就是负责群测群防体系的业务指导和日常管理工作，指导乡、村一级开展日常监测和简易应急处理工程，同时负责组织专业人员检查险情是否得到了恰当处理，最后还要负责组织指导辖区内群测群防体系的年度工作总结。

乡（镇）级

乡（镇）级人民政府在县（市）级人民政府的统一组织领导下，具体承担本辖区内隐患的宏观巡查，督促村级监测组织开展日常监测活动，协助上级管理部门开展灾害防治工作。同时还要做好本辖区群测群防相关资料的汇总、上报工作，完成本辖区年度工作总结。

村级

村级主要执行本村区域内的宏观巡查工作，执行地质灾害点的日常监测活动，以及做好记录，及时上报。另外，需要在上级领导的指挥下落实防灾避灾相关前期工作。在灾害发生时及时报告，在上级的指挥下，有效组织群众防灾避灾。

● 统一领导

● 抢险救灾

● 应急处置

● 防灾演习

准备应急预案

为了最高效地应对地质灾害，需要未雨绸缪，在地质灾害发生之前做好应急预案，这样才能最大限度地降低人员伤亡和经济损失。所以，县级以上地方人民政府应急管理部门会同同级相关部门拟定本行政区域的突发性地质灾害应急预案，报本级人民政府准备后公布实施。

那么，突发性地质灾害应急预案主要包括哪些方面的内容呢？

加强监测员管理

地质灾害群测群防体系主要发动和依靠广大人民群众直接参与地质灾害点的监测与预防。那么，什么样的群众才能参与群测群防工作呢？经过怎样的培训才能让他们成为合格的监测员呢？

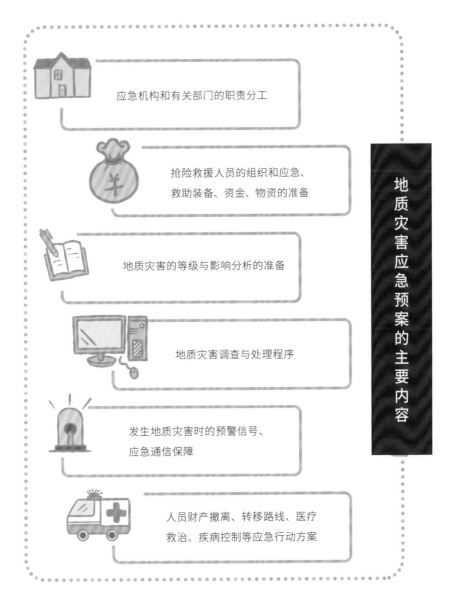

应急机构和有关部门的职责分工

抢险救援人员的组织和应急、
救助装备、资金、物资的准备

地质灾害的等级与影响分析的准备

地质灾害调查与处理程序

发生地质灾害时的预警信号、
应急通信保障

人员财产撤离、转移路线、医疗
救治、疾病控制等应急行动方案

地质灾害应急预案的主要内容

如何成为一名监测员

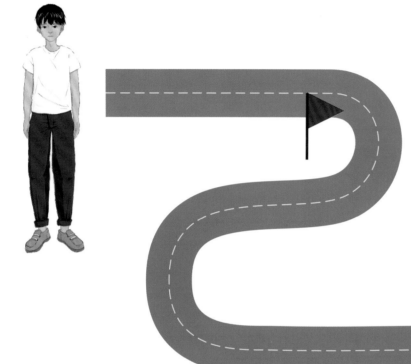

Setp1

基本条件

具有一定文化程度，能够较快地掌握简易野外地质灾害监测方法。责任心强，热心公益事业，长期生活在当地，对当地环境较为熟悉。

Setp2

组织培训

主要包括学习地质灾害防治基本知识，掌握简易监测方法，了解巡查内容及记录方法，学习识别灾害发生前兆，掌握各项防灾制度和措施。

组织巡查监测

地质灾害巡查，是群测群防体系中重要的一个执行环节。由于各地区情况不同，灾害类型各异，要因地制宜，结合区域实际情况有针对性地建立巡查制度。

首先，需要对相关地域的隐患点进行巡查、分析，划分重点，有针对性地建立巡查方案。对于其中的地质灾害易发区，要定人、定点、定时对其进行巡查监测，对地质灾害危险区，要派人定点进行巡查监测并做好记录、分析、上报工作。另外，就是要建立工作责任制，在巡查片区将责任落实到具体个人，建立规范的巡查台账。

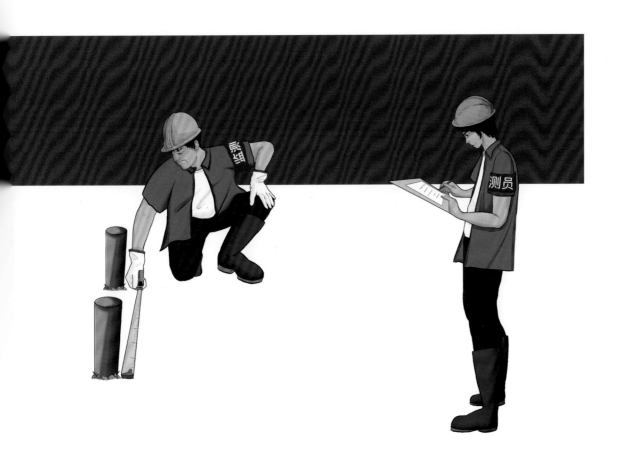

落实"两卡"

在地质灾害群测群防体系中，还要制作地质灾害防灾工作明白卡和地质灾害防灾避险明白卡（简称"两卡"），在"两卡"中明确相应责任人。

地质灾害防灾工作明白卡由乡（镇）级人民政府发放给防灾责任人，这样就将防灾责任落实到具体个人。

地质灾害防灾避险明白卡由隐患点所在村负责具体发放，并向持卡人说明其内容及使用方法，同时，还要对持卡人进行登记造册，建立"两卡"档案。

"两卡"由县（市）级人民政府自然资源部门会同乡（镇）级人民政府组织编制。另外，也会将地质灾害群测群防责任制列入各级行政管理层级的年度考核指标，并在年度县（市）级地质灾害防治方案和突发地质灾害应急预案中加以明确。

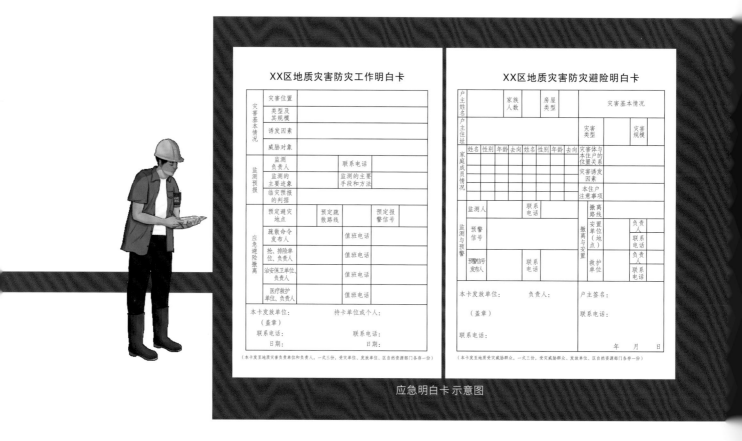

应急明白卡 示意图

汛期值班是重点

不管是崩塌、滑坡还是泥石流，这些地质灾害往往和降雨有密切的关联，所以在汛期，必须展开密切监测，避免或减轻灾害损失。

一般来说，长期固定巡查为每月两次，雨季需要加大巡查力度。

定期巡查一般为每周一次，但是在汛期应每天到地质灾害重要隐患点进行巡查、监测，做好详细记录、分析，并上报巡查情况。如果发现了险情，应及时发布和上报，做好地质灾害发生前兆宣传和自救工作。辖区内一旦发生地质灾害，应在第一时间上报上级主管部门，报告灾情的位置、时间、性质、伤亡情况等，并说明已采取的措施。

针对降雨天气，尤其是持续降雨或大到暴雨，县（市）级自然资源主管部门应组织指导相关部门安排专人分组分片对所辖地质灾害易发区，尤其是交通干线、人口聚集区、工矿企业、山区沟谷等关键区域进行巡查，及时发现地质灾害险情。

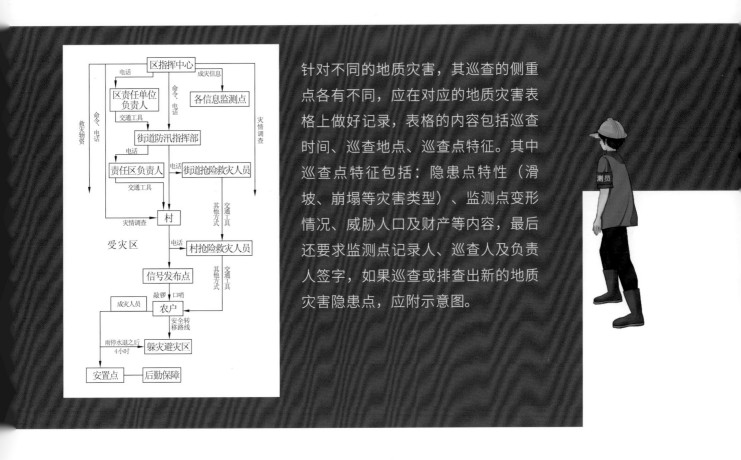

针对不同的地质灾害，其巡查的侧重点各有不同，应在对应的地质灾害表格上做好记录，表格的内容包括巡查时间、巡查地点、巡查点特征。其中巡查点特征包括：隐患点特性（滑坡、崩塌等灾害类型）、监测点变形情况、威胁人口及财产等内容，最后还要求监测点记录人、巡查人及负责人签字，如果巡查或排查出新的地质灾害隐患点，应附示意图。

灾情速报要及时

地质灾害发生以后应该及时上报，寻求上级部门支援。这样，相关政府部门才能尽早派出救援队伍，启动防灾预案，最大限度地减少灾情损失。

可以使用手机、电话等通信手段尽快上报灾情，在通信线路受到损害的情况下，需要马上派专人将灾情传达给上级部门。

面对临水崩塌滑坡可能引发的涌浪灾害等次生灾害，责任人还需要及时与相关水域管理部门取得联系，发出涌浪预警，并约定好预警信号传播方式。

地质灾害宣传培训

及时开展地质灾害宣传培训工作，帮助群众掌握识灾和临灾避险方法。制订好地质灾害应急预案，还需要让广大群众及时了解，掌握相关知识，这样在灾害来临时才能够沉着应对。

可以通过哪些方式进行宣传呢？各级人民政府可以通过发放宣传卡片资料、广播宣传、张榜公布地质灾害防治基本知识等形式来开展宣传普及工作。

那么工作的主要内容有哪些呢？首先，是地质灾害应急预案宣传，确保人民群众能知晓地质灾害危险点、隐患点的基本信息，了解地质灾害防治内容。其次，就是地质灾害防灾工作明白卡和地质灾害防灾避险明白卡的张贴发放，让监测员、群众在"两卡"的指引下，在灾害来临时能够主动参与和积极配合地质灾害防治工作，确保应急避险工作有序开展。

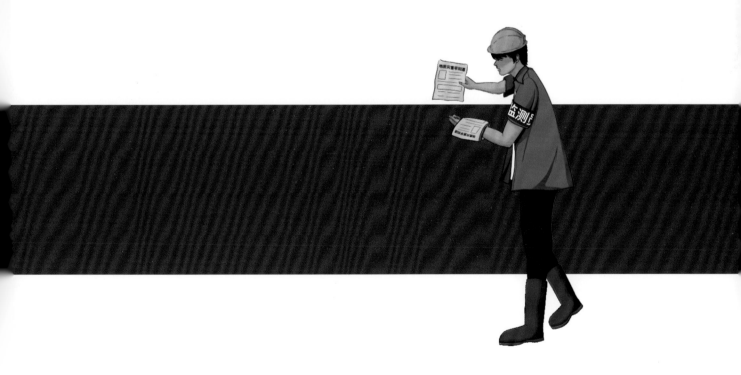

叁 提前防病常实习
——地质灾害演练

什么是地质灾害演练？

制订好地质灾害应急预案，可以帮助我们在灾难来临时不会手忙脚乱。

但如何把这些应急预案付诸行动呢？

这就需要我们开展地质灾害应急演练工作。

应急演练工作的主要内容，就是组织相关单位和人员，依据应急预案，模拟应对突发地质灾害的各项任务，演练监测预警、调查处置、抢险救援、避险撤离及转移安置等应急活动。只有经过了实践演练，才有可能把预案知识转化为实际行动，不会忙中出错。

演练目的是什么?

明确演练目的,才能够有的放矢地展开演练实践,从而最为有效地锻炼各级组织部门和群众应对灾害的能力。

首先,通过地质灾害演练,可以在实践中检验应急预案的科学性、时效性和可操作性,从而可以进一步完善地质灾害应急机制。

其次,地质灾害演练可以增强相关职能部门决策、指挥与组织协调的能力,锻炼各级队伍应急处置和技术判定的能力,提高抢险队伍的快速反应与科学救援的能力,锻炼基层群众防灾避险和应急自救的能力。

最后,科学的演练培训,可以普及与推广地质灾害防灾减灾有关知识,帮助我们最大限度地降低地质灾害造成的损失。

如何开展演练?

应急演练可以分成两种类型:一种是在室内虚拟开展,被称为桌面推演;另一种就是在实践中开展,被称为实战演练。

桌面推演

桌面推演就是演练人员利用地图、计算机模拟、信息平台等相关技术手段,针对事先假定的地质灾害类型和场景,讨论和推演应急决策及现场应对过程,从而帮助相关人员掌握应急预案中所规定的各项责任与流程,提高指挥决策与协同配合能力。

桌面推演一般在室内开展,通常在演练示范教学和检验应急预案演练流程时采用。

实战演练

实战演练是指参加演练的人员利用相关设备和物资，针对事先设置的地质灾害类型和场景及其后续发展状况进行实际决策、行动和操作，完成真实应急响应的整个过程，从而在实践中检验与提高相关人员和组织的指挥能力、行动能力和处置能力。实战演练必须在特定的场所完成，规模较大，涉及人员数量较多。根据参与群众和单位的规模，实战演练又可分成两种类型。第一种被称为综合演练，特别注重各级不同部门的相互协调合作，要求各级人民政府及其相关部门、企事业单位、社会团体等多个单位共同合作参与，其目的是对地质灾害应急各个环节和功能进行综合检验。

第二种实战演练，就是针对专项内容进行实践演练工作。例如：应急技术演练，就是单独进行风险预警、调查监测、会商处置等地质灾害应急技术方面的演练活动；应急抢险救援演练，就是针对突发地质灾害事件，开展抢救人员生命和财产、救援救助的演练活动；应急避险撤离演练，针对突发地质灾害事件，开展避险区域选择、自我保护、自救互助、疏散撤离的演练活动。

肆

地灾小医师的365天
——地质灾害监测员

作为地质灾害监测一线的直接执行人员，地质灾害监测员任务繁重，责任重大。尽管我们已经有了非常先进的监测仪器，上天入地，帮助我们监测地灾，但还是有相当多的灾情，需要由人员亲自确认勘查。现场作业，人工巡查和监测，仍然是防灾预警活动中不可或缺的一个重要环节。

那么，一线地质灾害监测员需要掌握哪些基本知识？

需要执行哪些具体任务呢？

现场隐患巡查

为了预防地质灾害，最大限度地减少损失，维护人民生命和财产安全，应分地域、结合实际情况，建立健全地质灾害巡查制度。除此以外，还可以采用群测群防的监测方式。这种方式一般会在地质灾害变形不明显、潜在威胁不严重的地方进行，主要方法包括现场隐患巡查和简易监测两种方法。

什么是现场隐患巡查？

它是对监测点的宏观变形迹象与异常前兆等进行巡视、调查和记录。需要巡视者按照预先设置好的路线进行巡查，巡查内容包括以下内容。

有无新增裂缝、洼地、鼓丘等地面变形迹象；

有无地面塌陷、下沉、鼓起、地裂缝等迹象；

有无新增房屋开裂、歪斜等建筑物变形迹象；

有无新增树木歪斜、倾倒等迹象；

有无泉水井水浑浊、流量增大或减少等迹象；

有无岸坡变形塌滑现象；

有无地声、动物异常等迹象。

总之，巡查内容是发现崩塌、滑坡、塌岸的变形形迹及其前兆特征。具体来说，我们可以详细地把它分成三个类别：崩塌宏观巡查、滑坡宏观巡查和泥石流宏观巡查。

崩塌宏观巡查

滑坡和崩塌发生前，都会出现一些灾害前兆，比如危岩体上会出现较大的裂缝。定期进行地质灾害巡查，就可以及时排查相关区域的灾害风险，设置警示标志，采取预案措施，这样才能尽可能减少灾害损失。

一般情况下，崩塌的宏观巡查主要有以下两点内容。

当发现**高陡崩塌体后缘裂缝出现明显拉张或闭合现象时**，或者出现新生的裂缝时，应对崩塌体进行详细的地面调查，这可能预示着崩塌即将发生。同时，还要设置明显的警示标志，并使用专业监测仪器对裂缝进行监测，实时了解崩塌体裂缝变形拉裂情况，并向当地主管部门报告。

当发现**崩塌体下部岩体出现明显的压碎现象**，并形成与上部贯通的裂缝时，表明发生崩塌的可能性非常大，此时应该及时采取紧急避让措施，远离崩塌体，并及时向当地主管部门报告。同时，也要设置明显的崩塌危险警示牌，提醒过往群众主动避让。

地质灾害隐患巡查

滑坡宏观巡查

如何开展滑坡宏观巡查？滑坡发生前，也会伴随一些明显前兆，同样需要我们尽可能地做好预防监测工作。滑坡的宏观巡查，主要包括三方面内容。

滑坡前缘宏观巡查　当我们在巡查的过程中，发现在滑坡前缘出现地面鼓胀、地面反翘，出现地表裂缝或建筑物地基出现明显的错裂时，应注意详细勘察滑坡整体的变形情况并做好相应的记录，并及时向有关部门报告异常情况，请专业地质人员到现场进一步查看。

滑坡中部宏观巡查　当滑坡稳定性较差或处于缓慢变形过程时，可能在滑坡中部出现较明显的地面拉裂缝、次级台阶，并使建筑物出现有规则的拉裂变形。但是，由于局部地形起伏、人工陡坎和挡墙未坐落在稳定的地基上而出现地面裂缝，或建筑质量差而开裂时，应注意不要把这些假象误判为滑坡的变形滑动。

滑坡后部宏观巡查　当滑坡后缘出现贯通的弧形张拉裂缝，并出现向后倾斜的下坐拉裂台阶时，预示着滑坡随时可能暴发。这时候必须尽快采取紧急避让措施，转移滑坡区的居民，组织群众有序撤离至安全区域，并及时向当地主管部门报告。

泥石流宏观巡查

通常，泥石流沟口是发生灾害的重要地段，所以在沟口巡查时我们要特别用心。首先，应仔细了解沟口堆积区和两侧建筑物的分布位置，特别是新建在沟边的建筑物，这些建筑物是否会受到泥石流的威胁，要提前做好预警工作。其次，需要调查了解沟谷上游物源区和行洪区的变化情况，应注意采矿弃渣、修路弃土、生活垃圾等的分布，因为在暴雨期间它们可能会演变成新的泥石流物源。最后，如果在巡查过程中发现泥石流发生，应及时组织群众撤离，并上报至有关部门。

崩塌、滑坡简易监测

崩塌和滑坡应该如何展开简易监测呢？采用卷尺、钢直尺等为主要测量工具，建立简易观测标（桩、点），对监测点的地面裂缝、其上的建筑物裂缝进行定期（或加密）测量和记录，以及对其水池（堰塘）、水井和泉点进行水位、流量的简易测量和记录。

裂缝与滑坡有着非常密切的联系，所以我们往往依靠监测裂缝的方式来开展滑坡预警工作。可以在滑坡体裂缝处设置简易监测标志，定期测量裂缝长度、宽度、深度的变化，记录裂缝的形态和开裂延伸方向，以此判定滑坡发展的阶段与趋势。这些方法简单经济、实用性较强，获取的信息直观可靠，所以往往在简易监测中被广泛使用。

一般常用的简易监测方法有**埋桩法**、**埋钉法**、**刷漆法**和**贴片法**，它们都是通过测量裂缝的方式来开展工作的。

埋桩法

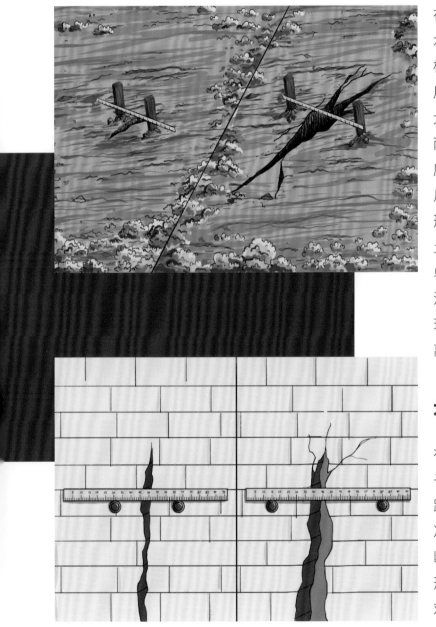

在斜坡上横跨裂缝两侧分别埋设水泥桩或木桩，用钢卷尺测量两桩之间的水平距离和垂直距离，用于了解滑坡变形情况，如变形大小、移动方向等。

两桩之间的水平距离反映裂缝宽度的变化，两桩之间的垂直距离反映灾害体在竖向发生的上下变形情况。埋桩法适用于测量滑坡土体上不规则区域的裂缝，简单、方便、适用性强。需要特别注意的是，对于土体裂缝，当发现裂缝有明显变形时，埋桩不能离裂缝太近。

埋钉法

在建筑物裂缝两侧各钉一颗钉子，通过测量记录两侧钉子之间距离的变化来判断滑坡的变形情况，这种方法对于临灾前兆的判断非常有效。该方法对建筑物变形有较好的适用性，经济实惠，对原有建筑影响也小。

崩塌、滑坡简易监测

刷漆法

横跨建筑物裂缝用油漆刷上规则形状的标记，如直线形、长方形标记等，通过观察和测量油漆标记的错动来判断裂缝的变形情况。该方法既醒目又简单，是一种经济实用的好办法，适用于建筑物墙面、地面、窗梁等刚性体裂缝的监测。

贴片法

横跨建筑物裂缝粘贴纸片，并在纸片上注明时间，纸片被拉断，就说明滑坡发生了明显变形。该方法的测量原理及适用范围与刷漆法相同。

那么，房屋裂缝是否都是由滑坡灾害引起的呢？一般来讲，引起山区房屋产生裂缝的原因主要有两种：地基沉降和滑坡变形。

地基沉降产生的墙体裂缝一般属于结构性裂缝，水平方向裂缝常出现在房屋纵墙的两端和窗间墙，这些裂缝一般呈对角线分布；而竖向裂缝发生在纵墙中央的顶部和底层窗台处，裂缝上宽下窄。与之相比，**滑坡变形**导致建筑开裂的位置不固定，通常与滑坡体变形位置一致，此时应查看屋外地面裂缝分布，观察地面裂缝方向是否与墙体开裂方向一致。滑坡区居民若无法判断裂缝是否由滑坡变形或地基沉降形成，应报请自然资源主管部门，由专业技术人员判别。

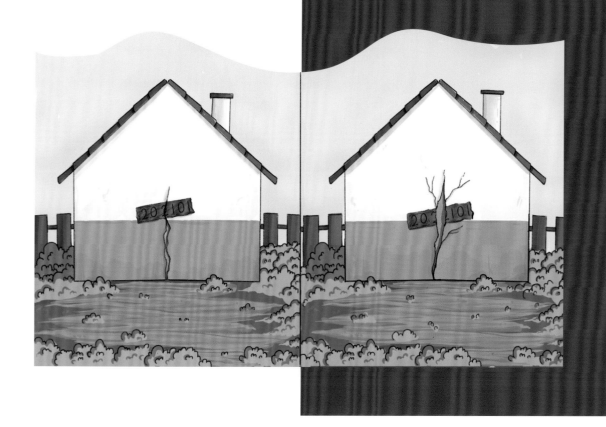

监测数据报送

只有及时有效地报送监测数据，才能够积累相关信息资料，保证灾害预警和防治工作的有序开展。

所以，首先就需要设立完善的监测资料管理制度，要求监测人在汛期或规定时间内做好记录，正常情况下每年监测期结束后统一交到所在地的乡镇自然资源主管部门，登记造册并编制监测记录汇总表上报上级自然资源主管部门备案。

监测数据汇总表，至少应该反映以下信息：地灾点编号（最好有全国统一使用的灾调统一编号和当地使用的编号或野外编号），灾害类型、位置、监测时间（×年×月×日至×月×日），监测人姓名，责任人姓名，危险人口及财产，出现异常的时间、迹象，是否造成损失或人员伤亡数及损失金额，是否有报告和报告情况，采取了哪些应急处置措施等。

监测设施保护

不管是专业监测还是简易监测，监测仪器都必须得到很好的保护，这样才能够完成监测任务，有效开展防治工作。**为保护监测设施，需要整体规划、细致设计一整套相关措施。**
首先，要从法律法规层面制定相关规章制度，惩处损害监测设备的行为；其次，设立防护装置，保护监测设备安全；最后，建立相关宣传、教育和信息反馈机制，让人民群众加入保护监测设施的活动中。具体而言，有以下措施可供采用。

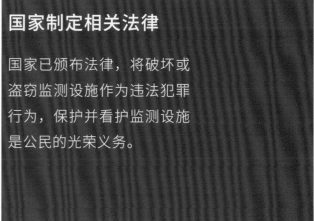

国家制定相关法律

国家已颁布法律，将破坏或盗窃监测设施作为违法犯罪行为，保护并看护监测设施是公民的光荣义务。

设立标志牌及围栏

在专业监测设施旁侧应设立标志牌，注明仪器的作用、监测人、设立单位、联系电话等，并告知公众应自觉保护监测设施，禁止损毁监测设施；在监测设施周围还应设立围栏或仪器保护箱，以避免设施受到外界干扰和损坏。

做好监测设施保护的宣传教育

监测设施具有很高的科学技术含量，往往引起民众的强烈好奇心，甚至利用石头、榔头、小刀等硬器敲打设施，导致监测设施变形、损坏，不能正常工作。因此，需要通过宣传教育，保护好这些设施。

发现监测设施出现问题应及时上报

监测设施在灾害区分布广泛，监测人员巡视周期长，往往不能及时发现设施的损坏，因此发现监测设施出现损坏等问题要及时上报，以防因监测设施损坏而长时间缺失监测数据，影响监测预警效果。

避免牲畜碰撞监测设施

监测设施精密程度高，不得把它当作树干用来拴系牲畜。不得在监测设施附近放养牲畜，以免牲畜损坏设施。

避免劳动耕作干扰监测设施

监测设施很多位于农田和果林里面，山区农田地方狭窄，在进行耕作时，应避开监测设施，避免对监测设施造成干扰和损坏。

第 4 篇

临灾处置

壹

应急预案早准备
——组织临灾处置

　　为了应对突如其来的地质灾害，在地质灾害高发地区，一定要未雨绸缪，提前制订好相应的应急预案。所谓的地质灾害应急预案，就是由专业人员制订的相关管理、指挥、救援计划，要求各部门、各机构分工合作，帮助我们面对突发地质灾害时，能够紧张、有序、高效地开展应对与救援工作。

　　这些计划内容纷繁复杂，主要包括：如何组织各级人员，协调分工；如何准备好相应的救援装备、资金、物资等；灾情分级和与之对应的处置程序；如何发布地质灾害预警信号；临时避灾场地、安全撤离路线的选定；医疗救治、疾病控制等应急行动方案。

有备无患，未雨绸缪，才可能将地质灾害带来的损失降到最小。从灾害警报信号的制订与发布，到撤离路线与救援方案的提前制订，一系列科学有序的防灾处置方案，将帮助我们更好地面对突发地质灾害。

灾害警报信号发布

地质灾害隐患点应有专人进行灾害巡查监测，随时预防灾害的发生。**一旦险情出现，要及时报警，发布警报信号，通知人民群众迅速撤离转移。**

预警信号的发布，到底有什么讲究与要领呢？首先，我们要约定好相应的预警信号，或广播，或敲锣，或击鼓，或吹号。其次，这些预警信号都应该易于识别，还能够便利地进行制造与传播。最后，这些信号还应该具有唯一性和区别性，不会与其他信号相互混淆，以免造成群众的误解，发生不必要的恐慌。

撤离路线选定

灾害发生以后的撤离路线需要提前选定，让群众能够迅速逃离，从而避免人员伤亡。撤离路线都不是随随便便制订出来的，必须由专业的人员，经过实地勘察以后精心制订。大致的制订方针，**就是要避开可能遭受滑坡、崩塌和泥石流等灾害的危险路段，**例如，沿山脊展布的道路就比沿山谷展布的道路更安全。路线确定以后，还需要沿途设置好相应的路标，方便受灾群众根据指示顺利逃生。另外，还需要事先将路线情况通知人民群众，让每个人都心中有数。

 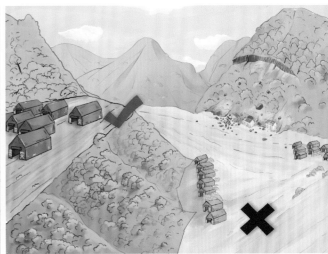

临时避灾场地选定

灾难发生以后，需要及时撤离到一个安全的场所临时避灾。所以，临时避灾场地的选定需要做好提前预案。

临时避灾场地的选定原则是什么呢？

"安全第一"是首要原则，需要由专业人员根据地灾隐患点的具体情况，精心选择避灾场地。

1. 避开不稳定斜坡或滑坡、山洪、泥石流等地质灾害易发地段及影响区；

2. 避开江堤、海塘或溪滩边，旧有河道或山口、谷口；

3. 避开工矿排污污染源、病源、大气污染源、水污染源等的下风、下游或者下坡；

4. 避开危险品或易燃易爆仓库；

5. 避开高压输电、输油或输气线路；

6. 临时避灾场所应该选择离原居住地不远的场地；

7. 临时避灾场所应该能够提供相对方便的交通和用电、用水。

灾情报告

如果出现了地质灾害先兆迹象，或者地灾监测数据发生了异常变化，都应该及时向有关部门汇报，以便于有针对性地采取防治措施。

地质灾害突然发生以后，同样应该在**第一时间想办法报告政府部门，启动防灾预案，寻求救援，**从而最大限度地降低人民群众的生命财产损失。

地灾中的滑坡，可能会引发涌浪及其他次生灾害，这样的话，监测人员还应该及时与海事部门取得联系，发布涌浪预警。

政府部门

必要的物资储备

灾害发生以后的及时撤离，只是救援工作的第一个步骤。接下来，伤员救治、群众安置、灾后抢救等工作，都需要较长的时间来逐步开展。所以，必要的物资储备非常关键。

有哪些物资是应对地质灾害必不可少的呢？一方面，需要提前准备好相应的通信器材、雨具和常用药品等，方便联络与抢险救治。另一方面，还需要解决好受灾群众的衣、食、住、行等相关系列问题。

例如，可以把群众的财产和生活用品提前转移到避灾场所，还可以在避灾场地搭建临时住所，如大型帐篷等。

监测预警中心

贰

紧急救助119
——组织安全撤离

地质灾害虽然可怕，但只要学会应对、懂得如何逃生，全身而退也并不困难。面对崩塌、滑坡和泥石流这些常见的地质灾害，我们要提前学习避险的技巧与策略，这样灾害来临时才不会手足无措。

安全逃生的技巧与原则大体有以下几个方面需要注意，首先，就是要尽可能地避免遭遇地质灾害，这就需要我们了解一定的地质知识。其次，如果真的不幸受灾，也需要掌握相应的逃生技巧。**需要特别强调的是，崩塌、滑坡和泥石流等地质灾害各自有各自的暴发特点，必须在不同的情况下采取不同的逃生策略。**

最后，我们成功避过第一波灾害，安全暂时有所保障后，千万不要麻痹大意，灾后救援、二次避灾等相关工作正刻不容缓地等着我们。

地质灾害发生之前，做好临灾处置可以将地质灾害带来的损失降到最低，但临时避灾不仅需要采取科学的措施，更需要做到有备无患，即从巡查人员发现灾害前兆时，就需要做好防范措施和撤离的准备。

发生崩塌如何逃生

崩塌发生时，**即使在危险区外也一定要绕行**；如果处于崩塌体下方，**应选择向两侧方向逃离危险区，而不要选择顺着落石的滚动方向逃跑**，尽量利用身上或附近的物品保护头部，如果有震感，也应立即向两侧稳定地区逃离。

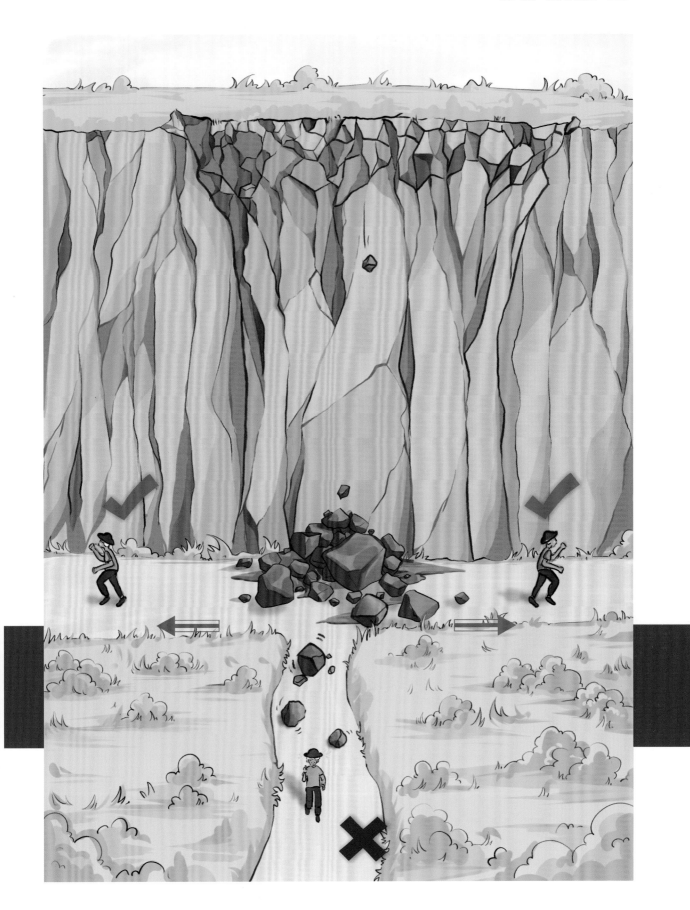

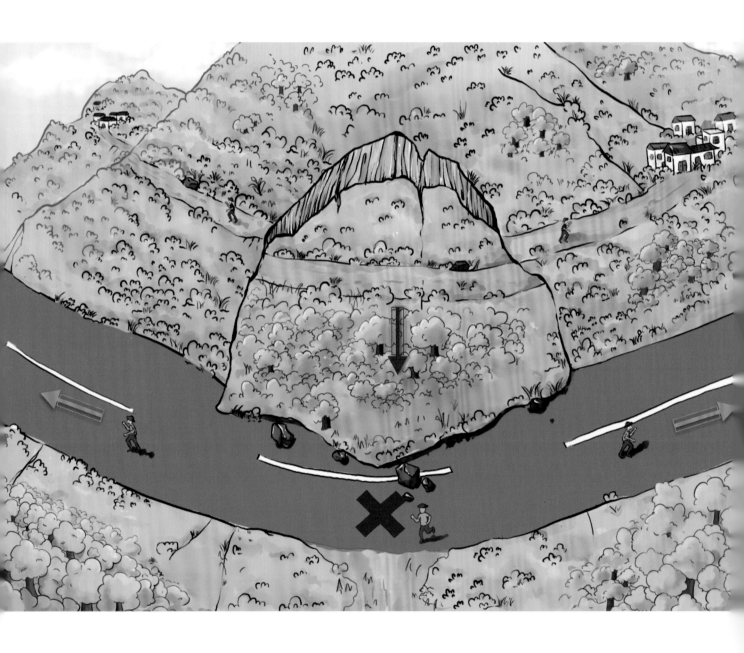

发生滑坡如何逃生

滑坡发生时，如果身处滑坡范围外，不要慌张，尽可能将灾害发生的详细情况迅速报告相关政府部门和单位，做好自身的安全防护工作，切忌只身前去抢险救灾。

如果正处在滑坡的山体上，应向滑坡边界两侧之外撤离，绝不能沿滑坡滑动的方向逃生。

如果滑坡滑动速度很快，最好抱紧一棵大树不松手。绝对不能迎着滑坡滑动的方向跑，切忌站在原地，**滑坡停止后切忌贸然返回抢救财物**，因为滑坡的发生具有连续性，盲目返回，可能会遇到第二次滑坡，危害生命安全。

发生泥石流如何逃生

当处于泥石流危害范围内，切忌沿沟跑，应向沟外两侧向山坡上跑，远离沟道、河谷地带。需要注意的有，**切忌在土质松软的斜坡停留，远离泥石流影响范围后，可以在地面稳固的地方观察，进一步选择远离泥石流的逃离路线。**

另外，**在树上躲避泥石流是不理智的行为**，因为泥石流的动能巨大，在流动时会将树木冲断并卷入其中，所以上树逃生不可取。由于泥石流有很强的淘刷能力及冲击性，**要避开可能被其冲毁的河道凹岸或高度不高的凸岸。**

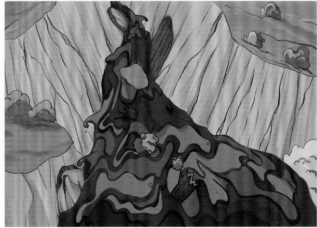

发生崩塌、滑坡、泥石流如何逃生？

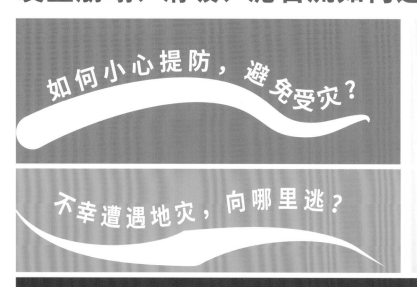

如何小心提防，避免受灾？

不幸遭遇地灾，向哪里逃？

逃生技巧很重要！！！

逃过第一波地灾之后⋯

崩塌

 崩塌造成的滚石从天而降，很危险，要赶紧想办法找东西来保护身体和头部。

- 发现了地质灾害的蛛丝马迹，千万不要慌张，要尽快将详细情况报告相关政府部门，寻求支援。
- 要做好自身的安全保护工作，不要逞英雄一个人去抢险救灾！
- 发现前方有地质灾害，不管是崩塌、滑坡还是泥石流，都一定要绕行！
- 路遇有警示标志的滑坡、崩塌或者泥石流危险区，千万不要试图进入或通过。

- 面对崩塌、滑坡和泥石流这样的自然灾害，一定要避其锋芒，尽快向两侧逃跑，远离危险区。
- 千万不能向上或者向下逃生，滚石、滑坡和泥石流移动速度非常快，别逞能和它们比速度、赛胆量！

滑坡

- 实在太倒霉，正好处在滑坡体中部无法逃离时，可以停留在一块坡度较缓的开阔地面，跟着滑坡体一起向下滑。
- 千万不要和房屋、电线杆或围墙之类的建筑物靠太近，小心它们倒下来被砸伤！
- 如果滑坡滑动速度太快，没办法向两侧逃生，千万别被吓懵！赶紧牢牢抱住一棵大树，等待救援。

泥石流

- 别在土质松软的斜坡上停留，要站在地面稳固的地方观察选择逃生路线。
- 泥石流来了，千万不能上树！因为泥石流能量巨大，流动时连树木也会被掀翻并卷入其中。
- 泥石流就像河流一样，会淘刷和冲毁沿途两岸，要小心！

- 逃过第一波地灾之后，不能贸然返回抢救财物。不管是崩塌、滑坡还是泥石流，这些地质灾害往往都会连续发生，金钱诚可贵，生命价更高，千万不能大意。
- 逃生成功，确保个人安全后才可以考虑帮助他人，组织灾后自救！

叁

急救措施有哪些
——常见的临灾
处置措施

滑坡等地质灾害，在初次暴发以后，如果造成灾害的因素没有消除，情况往往还会继续恶化。**所以，这时候如果能做好应急抢险、临灾处置工作，就能有效避免滑坡进一步发展。**

临灾处置措施可以分成三类，首先是避免**水对土体的进一步侵蚀**，其次是**可以减轻土体的自重**，防止土体由于过重而下滑，最后还**可以在滑坡体下部实施加固**，帮助土体的稳定。

及时排水

如果滑坡、崩塌体还在持续变形，就需要在上部挖沟排水，及时将雨水引导到滑坡区域以外。在修建排水沟渠时，一定要选择建在坚固的基础上，并且还要采取夯实、铺填塑料布等防渗措施，避免雨水渗透到坡体里面。

及时封堵裂缝

灾害过后，滑坡体表面往往会出现很多裂缝，雨水就会顺着这些裂缝进入土体，从而可能引发次生灾害。这时候，就需要及时将这些裂缝封堵起来。可以直接就近取土回填，如果可能的话，还应该在裂缝表面盖上塑料布、混凝土预制盖板等避雨装置，防止雨水进一步渗透。

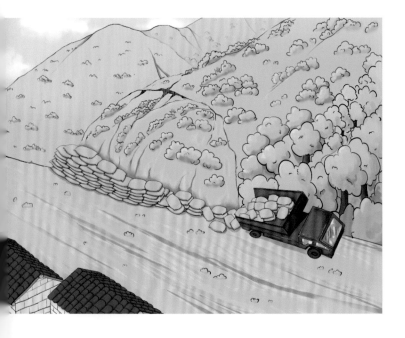

反压坡脚

当山坡前缘出现明显的地面隆起和挤压现象时，表明滑坡体即将开始滑动。这时可以立即运输砂砾或大石块堆放在滑坡前缘，起到压脚的作用，抑制滑坡继续发展。

这样可以争取到一定的时间，延缓滑坡暴发。但情况仍然非常紧急，不可能根本地阻止灾害发生，所以在这时应该尽快转移撤离。

在后缘实施减载

在前缘采取压脚后，如果滑坡仍存在持续变形的现象，我们也可以给滑坡体减载，在滑坡后缘拆除危房，清除一些土石，从而减轻滑坡的下滑力，提高稳定性，为逃生争取到更多的时间。

肆

病后护理
——组织灾后自救

逃过第一波地质灾害之后，如何进一步开展自救，同时解救其他受困群众，帮助他人，就是下一步的任务了。这时，我们不能盲目冲动地行事，而是应该有勇有谋地组织救援工作。

突发地质灾害，由于专业救灾人员往往无法及时赶赴灾区开展救援，所以我们需要牢牢掌握一些自我救援、自我保护的原则与方法。例如，我们需要在灾后第一时间组织人力物力开展失踪人员搜救工作，争分夺秒地将受伤、被困人员解救出来。而在救护工作中，正确合适的救援方法将发挥极大的作用。又如，我们还需要在灾区周边组织巡查工作，防备二次受灾的危险……

下面，就让我们来看看到底有哪些事项需要注意吧。

严禁立即搜寻财物

谨记，生命重于财产。地质灾害发生后，首先要保证人身安全。**即使地质灾害暂时未发生明显活动，也禁止立即进入灾害区去挖掘和搜寻财物，**避免灾害体进一步活动导致人员伤亡，经专家鉴定地质灾害险情或灾情已消除，或者得到有效控制后，当地市（县）级人民政府撤销划定的地质灾害危险区，才能返回灾害区搜寻财物。

迅速组织巡查

灾害发生后，应该迅速派遣专业人员对滑坡进行巡查，判定滑坡、崩塌斜坡区和周围是否还存在隐患和危岩体，**并应迅速划定危险区，管制交通，在地质灾害危险区的边界设置明显警示标志**，必要时设专人把守，禁止非相关人员进入，以确保安全。

灾后密切关注天气情况

通过电视、广播、手机、网络等渠道时刻关注天气情况，了解近期是否还会发生暴雨。**如有暴雨，应该尽快启动防灾应急预案**，增加对斜坡和沟谷的巡查和监测次数；若发现灾害前兆，应立即向相关部门汇报并有效组织撤离。

第 **5** 篇
科学防范

壹

病灶分布有计较
——地质灾害风险
评估区划

这里有三个概念需要说清楚。

第一，地质灾害评估。

第二，地质灾害危险性评估。

第三，地质灾害风险区划。

地质灾害评估

地质灾害评估是指对地质灾害的现状、造成的破坏和损失进行评定估算。

对已经发生的地质灾害，要通过调查统计，掌握灾害活动的规模，人口、财产、资源等方面的损失数据，评估地质灾害对环境的破坏程度，以及对经济造成的损失。**对那些还没有发生，但有可能发生的地质灾害**，需要做地质灾害危险性评估。

地质灾害危险性评估

地质灾害危险性评估是对没有发生但有可能发生的地质灾害进行预测和评估。主要评估三个方面：

评估有多危险；

评估对当地环境、资源等可能造成多大的破坏；

评估可能造成多大的损失。

对工程建设诱发和建设工程遭受地质灾害的危险性做出评估，并对建设用地适宜性做出评价，提出地质灾害防治措施建议。以一条公路工程地质灾害危险性评估为例，主要是查明公路沿线用地范围内地质环境条件、地质灾害现状；对公路建设与运行过程中可能引发或加剧的地质灾害危险性做出预测评估和综合评估，对公路用地的适宜性做出评价；提出具体的防治措施和进一步工作建议。达到有效保障公路工程的安全运行，从源头上减轻地质灾害造成的人员伤亡和财产损失。以我国山区（尤其是农村）建房为例，根据我国的地形实际进行地质灾害风险评估。

建房前的风险评估分为两种情况。

如果是集中成片建房，应当聘请有资质的专业单位对建设场地进行评估。业主根据评估结果，决定要不要在该地建房。对建设中及建成后可能引发或加剧的地质灾害，要采取有效的防范措施。

如果是零星分散建房，可根据当地条件，在居民申请宅基地时，由政府相关部门工作人员到现场进行察看，指导居民正确选择宅基地，留出房前屋后的安全距离空地，做好简易边坡防护和截、排水措施。

在确定工程建设的地址之前，进行地质灾害风险评估，从而约束人类的建设活动，是减少和防止地质灾害发生的最有效手段，是一项一定要做的工作。

国家对此也十分重视。在国家颁布的《地质灾害防治条例》中明确规定，在地质灾害易发区内，进行工程建设应当在可行性研究阶段进行地质灾害危险性评估，并提供地质灾害危险性评估报告，按照国家规定不需要进行可行性研究的，应当在工程建项目申请用地前进行地质灾害危险性评估，凡申请用地前未进行地质灾害危险性评估的，就不能通过建设用地的审批，也就拿不到地，不能建设。另外，哪些单位有资格进行地质灾害危险性评估，如何开展风险评估，都要经省级自然资源主管部门批准。地质灾害风险评估完成后，就可以制作地质灾害风险区划图了。

地质灾害风险区划

区划就是划分区域的意思。地质灾害风险划分的标准，是每个区域所遭受的地质灾害的风险大小。不同的区域，遭受地质灾害的种类不同，可能性不同，严重程度不同，所以风险程度也不同。地质灾害风险区划图就是要提供每个区域受灾的不同风险程度。也就是说，要想知道某个区域会不会遭受地质灾害，会有多严重，就可以去区划图上查找这些信息。有了这些信息，就可以制订每个区域对工程建设的要求，包括对选址和建筑等方面的要求。各地地质灾害的风险程度不同，建筑要求也就不相同，有的会严格一点，有的会宽松一点，也就是要因地制宜。

贰

避开软肋建高楼
——安全选址

可选地址千千万，不够安全靠边站

约束人类的工程建设活动，是减少地质灾害的有效途径之一。其中，建设之前，安全选择城乡建筑物及重要工程的地址又是最重要的事。

对国内外灾害事件的分析研究表明，凡是建筑在软弱地基上、断裂带上或附近、沿海岸边、江湖河岸边的建筑物，在突遭大型地质灾害袭击时，容易被严重破坏。**一般来说，要选择地质灾害危险性较小的地区或地段建设城市或工程。**

选址的基本原则包括以下几点。

选择地势平坦开阔、土层密实均匀稳定、地下水埋深较深的坚硬场地。

不应选在可能发生滑坡、崩塌、地裂、泥石流及有活动断层通过的危险地段。

不宜选在软弱土层、可液化砂层、河岸、古河道、陡坡等场地。

多数工程建设者都知道要选择安全的好地段，要避开地震时可能发生地基失稳的松软场地。

但是，如果因为种种原因，不得不在较差的场地进行建设，那么该怎么办呢？

那就必须进行有针对性的处理， 比如做好以下几点。

注意基础的整体性，防止地震等灾害引起动态的和永久性的不均匀变形，从而加速毁坏；

在地基稳定的条件下，要考虑建筑物结构与地基的振动特性，避免共振影响；

一定要进行抗震防灾功能建设，使建筑物具有防御一定地质灾害的能力。

那么，是不是选择了好地段，就可以高枕无忧了呢？

当然不是。

在安全地段进行的建设，也要具有一定的抗灾防灾功能。而且，之前已经修建好的重要工程、生命线工程和危旧房，也不能置之不理，要根据情况，进行鉴定、维修、加固，让它们也能承受一定的地质灾害袭击。当然，不同类型和规模的城市、工程建筑，所要求的抗灾设防标准也不同。这就要求规划者和建设者按照当地的实际情况和具体规定，在开展地质灾害风险评估的基础上，使工程建设具有合乎当地标准的抗灾功能。

平坦地形，理所应当

总体上来说，建筑场地应当选择开阔平坦的地形，远离有发生地质灾害隐患的地点。 像超出历史洪水水位一定高度、离坡脚坡肩有一定距离的平缓台地，就是开阔平坦的。

但是，很多时候并没有那么凑巧，正好能找到现成的平坦处。有时候又因为成本等原因，无法去别的地方寻找。这时候就需要根据实际情况，进行一些变通。

还是以山区农村建房为例。山区平缓地带少，建房普遍需要开挖山坡坡脚，形成不稳定的人工坡；挖出来的土大多又直接堆到山坡下，容易松动、崩塌和滑坡。因为地质灾害在房屋附近发生，所以危害很大，容易造成人员伤亡。使用地质条件不那么好的地时，一定要慎重。

一般山坡细挑选

在山坡边建房时，需要考虑以下几个原则。

尽量选择平缓的山坡，具体来说，坡度应小于25度。要避免陡崖陡坡，因为坡度越大，向下的滑动力就越大。

选择土层较薄的山坡，具体来说，厚度应小于1米，因为厚土层容易形成滑坡体，增大滑坡的可能性。

在坡脚处建房。优先选择凹形坡坡脚，其次为直线坡坡脚，避免选择凸形坡坡脚，因为凸形坡更容易滑坡。

在建房时，一般会对自然山坡进行挖掘，让建筑面积更大一些，也就是切坡，切坡会形成人工边坡。安全起见，房屋后墙与人工边坡之间应留出安全距离，大小由专业技术人员确定。具体要求是：土质的人工边坡没有支撑保护措施时，安全距离一般应大于边坡高度的2/3；土质的人工边坡切坡的高度应小于5米，也就是挖坡时不能挖太多；如果已经大于5米了，就要修建台阶，并设立台阶平台，平台宽度应大于1米，来减少坡度，降低滑坡风险。

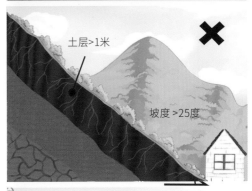

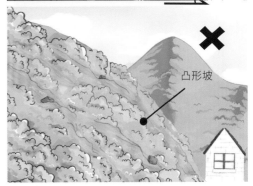

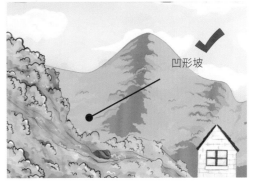

沟道附近要慎重

房屋选址应避开沟谷沟道，更不要占据沟道。

不过，当房址就在沟边的时候，只能尽量降低风险。

要注意水位的高度，防止洪水掏空坡脚，形成滑坡、崩塌。

所以，有条件的，应该避开岸边5~10米建房；实在没有条件的，应对岸坡进行加固处理。

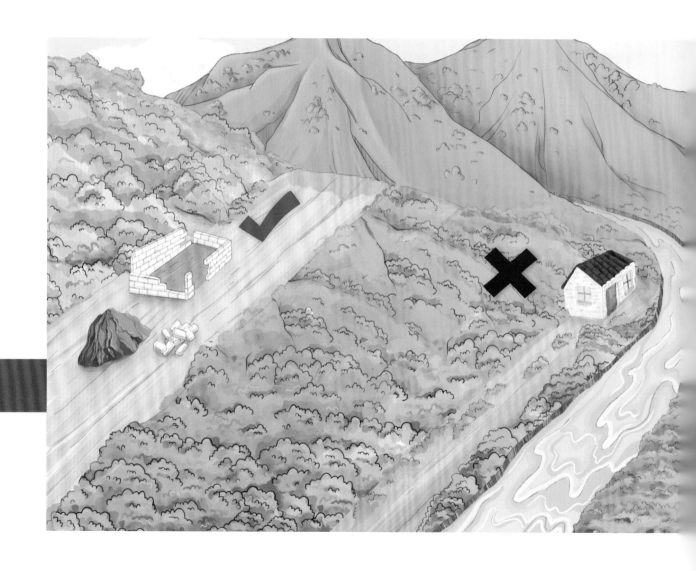

顺向坡，不适合建房   反向坡，适合建房

危险山坡须避开

圈椅状斜坡——需要留心它是不是由经常滑坡造成的，看表层是不是还在滑动。若仍有滑动，严禁建房。

顺向坡——山上岩石一般是层层堆叠的，如果堆叠的方向是向下的，也就是和山坡的方向一致的话，这样的山坡就叫顺向坡，它的坡脚一旦被挖掘，很容易发生滑坡和崩塌。岩石向上堆叠的山坡就叫反向坡。建房要尽量避开顺向坡，选择反向坡，建在坡上或者坡可以。当实在难以避开的时候，就要有针对性地解决，如在挖掘过的坡脚以修建挡土墙等方式做支撑保护。

软岩与硬岩互层的斜坡——软岩容易风化，形成空洞，会导致整个山坡的稳定性不强，发生崩塌或滑坡。

岩石裂缝逐渐变大的斜坡——这肯定是不稳定的，尤其是裂缝面和山坡处于同一方向时，危险程度更大。

基础稳固，遇灾不慌

总体"万丈高楼平地起"，基础是否稳固直接关系到房屋是否安全。隋朝著名匠师李春设计建造的赵州桥历经1 400余年，至今依然完好如初，原因之一就是基础稳固。

还是以地质灾害风险程度很高的山区为例。**建房时应选择地质条件较好的硬质岩土体作为地基**。但是受地形条件所限，实际上还是以填土地基为主。此时若不注意对地基基础的处理和加固，极易引起地基不均匀沉降，从而引发坍塌事故。

对建筑物的基础和地基作加固处理时，需要注意以下几方面。

如果是填土地基，填土应分层碾压、夯实。因为松散的填土会导致地表不均匀沉降，导致填土区房屋损毁。

填土区内和周边应设立具有防渗功能的截水沟和排水沟。这样可以拦截和引开流水，避免流水冲刷和渗入地下，最终造成地表不均匀沉降，导致房屋损毁。

基础应尽量埋入较深的非填土层。因为相对于深处的非填土部分而言，填土部分更松散，容易造成地表不均匀沉降，导致房屋损毁。

填土厚度较大或建筑物楼层较高时，应事先由相关专业部门制订建筑基础方案，并通过专业技术论证；填土厚度较大且存在填土边坡时，应设置挡土墙及排水孔，也要先由相关专业部门制订施工方案，并经过专业技术论证，方能施工。

水为大患，排水要畅

滑坡、崩塌、泥石流等地质灾害大部分都是由水引起的。

因此在住房选址时，应该尽量远离水库、河岸等地点。光远离还不够，还要充分重视生活用水的引入和排放的安全问题。

人们在进行村镇规划时往往比较重视房屋建筑设施是否坚固，而不够重视生活废水和雨水的排放设施是否有效。但是，水一旦排放不畅，就会成为常年不断的入渗水源，产生一系列的严重后果。例如，增加地面裂缝；暴雨来临时，不仅起不到排水的作用，反而将地表水汇集起来渗入到坡内，导致坡体稳定性降低；在场地或道路切坡后，如果没有合理地采取加固措施，就会造成大范围的滑动。

为了避免流水渗入地下产生灾害，在规划时需要注意：布置引水系统时尽量采用输水管道。相对来说，管道一旦发生漏水，比较容易监控，并且也能比较及时补漏。

生产、生活废水排放系统要保证安全、有效，避免堵塞沟渠、污水渗漏、冲蚀或渗入滑坡体。山坡低凹处降雨形成的积水应及时排干，否则，当坡体变形时极易引发积水区地面拉裂形成裂缝，导致地表水渗入滑坡体内，加速滑坡体变形。

植被高密，不忙建房

一般来说，尽量选择植被覆盖率较高的且以乔木为主的山坡坡脚处建房，山坡植被能较好地减少降雨对地表的冲刷，增加山坡土体的稳定。**有三个问题需要特别强调。**

是不是植被越多越密就越好呢？也不尽然

实践表明，山坡较陡、表层土体较松软时，过密的植被、过高的乔木反而更容易引发表层滑坡，**原因如下。**

树大招风。 当斜坡较陡，表层土质松软时，过高的乔木或根浅的竹林随风摆动，会加剧土体的松动，促进水的渗入，容易引起表层滑坡。

头重脚轻。 过密的植被意味着更重的重量，当坡脚支撑不住时，人工边坡上部就会发生倾覆，从而引发滑坡。

水泄不通。 植被过密，大量降水无法及时排出，坡体的重量会增加，就会更加容易向下滑动。

此外，过密过高的乔木还容易扩大滑坡的范围，而且因为过重，导致这种山坡的滑坡不那么容易让人发现，它会使滑坡滑动的时间滞后，耽误人们防范准备的时间。倒伏的树干还容易让房屋受损。因此，**建议砍除切坡上部自然斜坡的"危树"**，砍除5~10米范围内的即可，要超出排水沟有效的作用范围，清理出来的空地可种植草皮或低矮灌木。

要防止出现"马刀树""醉汉林"

成片分布的"马刀树"，表明斜坡表层土体处于不稳定的蠕动滑行状态；东倒西歪的"醉汉林"，表示斜坡在发生整体滑动。**这是两个标志，表示山坡不稳定，需要治理。**

不可种植的植被种类

房屋后面靠近边坡顶部的山坡，不要种植毛竹、果树、茶树、水稻等根系特别发达的树木。**根系特别发达的树木（如榕树等），会使土壤裂缝增多，雨水容易渗透进土体，从而导致滑坡的发生。**

毛竹的生长习性是成片生长，在一定的坡度上，其根系只能够深入到30~50厘米的地表层，持水性很好，这就会提高土壤含水量。如果遇到强降水或大风，发生滑坡和泥石流的概率就非常大。广西桂林兰田就可见多处种植毛竹导致的山体滑坡。

叁

太岁头上要小心
——规避危险施工

除安全选址的问题外，还要考虑工程建设本身存在的问题。据统计，80%以上的地质灾害是由人类的各种不合理的工程活动造成和诱发的。而且随着世界经济社会的快速发展，基础设施大规模建设，不合理的工程活动造成或诱发的地质灾害数量还会急剧增加，产生了极大的危害。所以，**防止人为引发地质灾害，是当前地质灾害防治工作的重要任务。**

人类活动是怎样引发地质灾害的呢？

将居民点、重要工程选在受地质灾害威胁的地方。

不适当的工程活动，如大量开挖坡脚、随意堆土弃渣等。

水库蓄水、采矿、爆破及强烈机械振动等。

对人为引发的地质灾害，目前采取的主要预防措施如下。

划定地质灾害易发区，对工程建设及农村建房用地选址进行审核。

选址尽量避开这些地质灾害易发区，确实无法避开时，要由具相应资质的单位进行地质灾害风险评估，看是否适合建设。

如果评估认为可能引发地质灾害，或者可能遭受地质灾害的工程，要换地方或配备对地质灾害的治理功能，治理工程与主体工程的设计、施工、验收同时进行（即三同时制度）。

大力宣传普及地质灾害防治知识，提高人们的防灾意识。

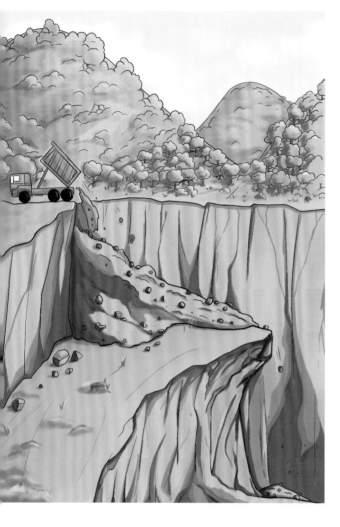

乱填（堆）、乱挖不可取

许多的建设场地位于不平坦的斜坡之上，但有的场地过度追求绝对平整，就大量开挖边坡和回填低洼地，结果不仅会增加建设费用，还会使地质环境的稳定性变差，从而产生地质灾害。

填充堆砌的物质结构不均匀，密实度变化较大，稳定性较差，建设时可能会造成地基沉降不均匀，对建筑物造成破坏。随意堆放的堆填物，在雨季可能引发滑坡、泥石流等地质灾害。所以工程活动中形成的废石、废土，不能随意顺坡堆放，更不能堆砌在乡镇上方的斜坡地段。当弃土石量较大时，必须设置专门的弃土场。最好的办法是把废石、废土变成资源，在整地、造田、修路等需要填土的工程中加以利用。

兴建池塘莫随意

在县（市）、乡（镇）、村建设中，为了满足生活、生产用水的需要，往往会修建不少池塘，这给居民的生活带来了便利。但是，如果没有经过合理的选址和设计，这些池塘有可能会建设在滑坡体或不稳定的斜坡上。当滑坡体或不稳定斜坡发生变形拉裂时，池塘的水会沿着裂缝渗入坡体内部，造成坡体内部软化、强度降低、稳定性降低，从而触发滑坡。

改变河道请专家

天然河道是经历了漫长的地质时期才形成的，是地质作用的结果。如果未经专业人员科学论证，人为随意改变河道的自然状态，如缩小河道宽度、改变流通方向等，可能会导致泥石流等地质灾害。这是因为河道里的河水，不仅有四处汇集而来的雨水，还接受了坡体内沿其他路径而来的地下水。人为改变河道的位置，只是简单地改变了地表水的流通渠道，地下水的流动路径并没有改变，因此地下水还是会汇集到原河道位置处。

到了下暴雨的时候，过多的地下水会出现在原河道位置，本来是可以自然流走的，但是由于河道被人为改造了，就不能顺畅流走了，**在原河道位置大量聚集，诱发山洪、泥石流等地质灾害。**

所以，在没有专业知识的情况下，绝对不能想当然，随意改变河道状态。

滑坡体上做工程

在山区，由于老滑坡堆积，会形成较为平坦的地形，因此常常会作为农村居民点，成为村、乡（镇），甚至县城的建设地址。这时必须经专业单位勘察论证，确定无危险时方可进行建设。在建设过程中，**要做到三个"严禁"、一个"管理"。**

严禁滑坡后缘堆（加）载

工程中产生的废石、废土，不能随意顺坡堆放，特别是不能堆砌在斜坡上方。这会使斜坡更容易向下滑动，从而产生滑坡灾害。

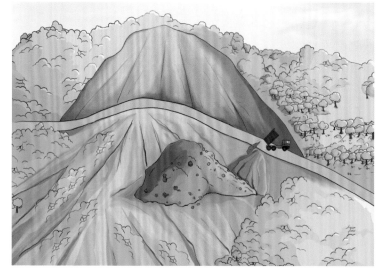

严禁随意开挖坡脚

在滑坡体上建房、筑路、场地整平、挖沙采石和取土等活动中，不能随意开挖滑坡体坡脚，因为会使坡脚稳定性变弱，对滑坡体支撑作用降低，**导致新滑坡产生或古滑坡复活，形成地质灾害。** 如果必须开挖且挖方规模较大时，应该事先经过专业技术论证和主管部门的批准，并且由相关专业单位制订方案后，才能开挖。**在坡脚开挖结束后，还应根据边坡实际情况进行及时支挡。**

严禁随意扩大建筑规模

古滑坡在自然状态下本来有一定的安全性，可以进行合适的建设。但是，如果随意扩大建筑规模，超过了古滑坡所能承受的重量，**就会引发局部甚至整体的滑动，造成巨大的损失。** 所以，必须按照国家规定的建设用地（工程）地质灾害危险性评估程序和工程建设勘察设计程序，在滑坡体上进行规划，请专业单位进行专门的地质勘察工作，并报请政府部门审批。

管理排水沟渠和蓄水池塘

引水系统最好采用管道输水，避免挖水渠和渠水渗入引发山坡失稳。即使管道漏水，也比较容易监控。生产生活废水排放系统要保证安全、有效，避免堵塞沟渠，避免污水渗漏、冲蚀或渗入滑坡体。山坡凹处的积水应及时排空，否则坡体变形时，极易引发池塘拉裂，导致地表水渗入滑坡体内，加剧变形破坏。

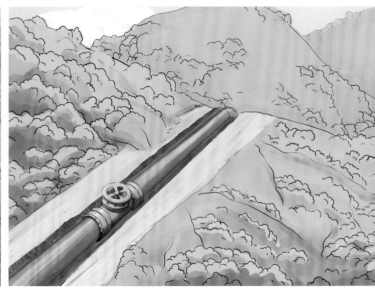

泥石流区搞建设

发生过泥石流的地方，很有可能会再次暴发泥石流。但是，在下次暴发之前，该地又显得风平浪静，极易令人放松警惕。**因此，泥石流易发区的工程建设要重点关注。**

泥石流区建房须知

泥石流冲刷下来的泥浆、岩石等物，往往堆积在山坡沟谷口处，经过一段时间之后，会形成一个地质结构松散的堆积区。因为水源丰富，植被茂密，地势平坦，看上去非常正常，很容易被选为村镇、甚至县城的场址。然而，一旦发生特大暴雨，又可能形成新的灾害。

在进行集镇建设时，应该请专业技术人员进行实地调查，如果泥石流复发和成灾的风险较大，就不应该在这里建设。泥石流的搬运规律非常复杂，冲击力巨大。西南山区常常可见被泥石流冲出的巨石，数十米长，体积达数百立方米。因此沟谷中各种杂物、巨石众多、斜坡较陡时，堆积区不宜作为房屋建设用地。

另外，在风险可以控制的情况下，开展工程建设要注意以下几点。

房屋不能修建在行洪通道或边缘处，并且应当控制建设规模。

堆积区可以被用作建设场地时，为了避免泥石流直接冲入，应沿两侧地势较低处，修建新的行洪通道。

$$\frac{(1)\ \ |\ \ (3)}{(2)\ \ |\ \ (4)}$$

（1）专业人员实地调查

（2）沟谷中巨石众多 斜坡较陡不宜建设房屋

（3）房屋不能修建在行洪通道边缘且要控制规模

（4）应沿两侧地势低处修建新的行洪通道

积极改善生态环境

生态环境与泥石流的产生和活动程度密切相关。生态环境好的区域，泥石流发生的频度低、影响范围小；生态环境差的区域，泥石流发生频度高、危害范围大。

为了抑制泥石流的形成，**可以在以下几个方面进行环境改善。**

在河谷中上游提高植被覆盖率。

在沟谷下游或乡镇附近营造一定规模的防护林。防护林可以对土体起到稳固作用，一旦发生泥石流还可以为泥石流的冲击提供安全防护屏障。

在泥石流沟两岸尽量避免种植毛竹、果树、茶树、水稻等。

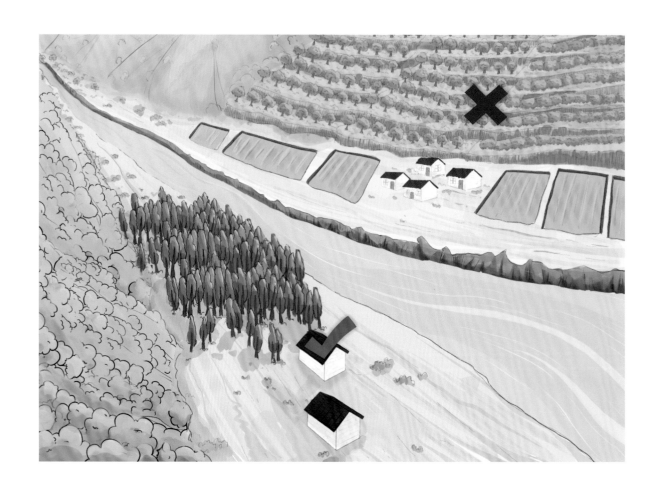

严禁在山沟内倾倒垃圾

县（市）、乡（镇）、村人口密度大，产生的生活、生产垃圾多，在垃圾处理设施不齐全和管理水平不高的情况下，常常出现把垃圾随意堆积在沟谷中的情况。这不仅影响美观，污染水环境，更严重的是增大了产生泥石流的风险。

在流水冲刷形成的冲沟中堆放垃圾，使发生泥石流的固体物质来源增多，在遇上强降雨等极端天气的情况下，发生泥石流的可能性和危害会更大。

山区道路必修好

山区地形复杂，交通不便，为了发展经济，修路是必要和首要的工作，不能避免。**那么，就只能尽量注意安全，防范灾害了。**

建设前应进行地质灾害风险评估。

道路选址时， 对易形成高边坡、遭受河流冲刷的、有松散堆积物的斜坡地段要特别慎重，能避开的尽量避开，不能避开的应做好护坡、挡墙、排水、警示等防护措施，以免日后塌方堵塞道路或造成危害。

道路施工时， 对弃土的堆放应选择合理的地点，尽量堆放在缓坡上。避开沟谷，避开下游的村庄或下方的道路。

道路建成后， 应有人管理，包括及时疏通排水沟、发现险情及时报告政府公路部门处理等。

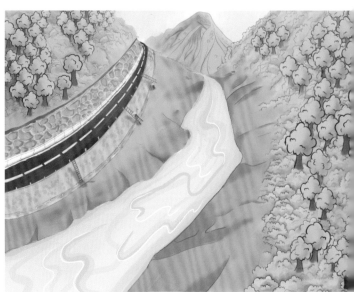

（3）（4）

（2）

（1）建设前进行地质灾害风险评估

（2）选址修路应做好防护措施

（3）弃土堆放应选择合适的地点

（4）道路建成后应及时疏通排水沟